Richtig denken – wirksam managen

Fredmund Malik

Richtig denken – wirksam managen

Mit klarer Sprache
besser führen

Campus Verlag
Frankfurt / New York

Überarbeitete, erweiterte und neu zusammengestellte Ausgabe von Fredmund Malik, *Gefährliche Managementwörter. Und warum man sie vermeiden sollte.* Frankfurt/New York: Campus Verlag 2007.

Bibliografische Information der Deutschen Nationalbibliothek.
Die Deutsche Nationalbibliothek verzeichnet diese Publikation in der Deutschen Nationalbibliografie; detaillierte bibliografische Daten sind im Internet unter http://dnb.d-nb.de abrufbar.
ISBN 978-3-593-39202-8

Das Werk einschließlich aller seiner Teile ist urheberrechtlich geschützt. Jede Verwertung ist ohne Zustimmung des Verlags unzulässig. Das gilt insbesondere für Vervielfältigungen, Übersetzungen, Mikroverfilmungen und die Einspeicherung und Verarbeitung in elektronischen Systemen.
Copyright © 2010 Campus Verlag GmbH, Frankfurt am Main.
Umschlaggestaltung: Hißmann, Heilmann, Hamburg
Satz: Campus Verlag, Frankfurt am Main
Druck und Bindung: Druckhaus »Thomas Müntzer«, Bad Langensalza
Gedruckt auf Papier aus zertifizierten Rohstoffen (FSC/PEFC).
Printed in Germany

Besuchen Sie uns im Internet: www.campus.de

Inhalt

Vorwort 7

Psychologische Irrtümer 13

    Charisma 15
    Begeisterung 18
    Job-Hopper 21
    Talent 25
    Potenzial 27
    Fehlermachen 29
    Herausforderungen 32
    Vertrauen 37
    Motivation 42
    Lob 44
    Leistungsgrenzen 46
    Burn-out 51
    Identifikation 54
    Risikofreude 59
    Spaß 63

Management-Irrtümer 67

    Führungsstil 69
    Leadership 74
    Menschenbild 78

Personalentscheidungen	82
Teamarbeit	85
Vision	91
Emotionen	95
Konzentration	101
Managereinkommen	104
Wissensmanagement	108
Topmanagement-Teams	113
Coaching	118
Innovation	121
Kultur	125
Kunde	131
Wachstum	134

Wirtschaftliche Irrtümer ... 137

Shareholder	139
Stakeholder	142
Inflation und Deflation	147
US-Management-Überlegenheit	151
EBIT, EBITDA	154
Stock-Options	156
US-Wirtschaftswunder	159
Unternehmenserfolg	162
Wert	166
Nachhaltigkeit	169
Globalisierung	171
Gewinn	175
Zinssenkungen	177
Wirtschaften	179
Rationalität	183
Anmerkungen	186
Literatur	188

Vorwort

Ein Informatiker tut alles, damit die Festplatten der Computer frei von Viren bleiben. Man weiß, wie gefährlich sie sind. Wie aber verhindert man, dass »Viren«, nämlich gefährliche Ideen und Irrtümer, in die Köpfe der Mitarbeiter eines Unternehmens, einer Organisation gelangen können? Das ist mindestens so wichtig wie der Virenschutz für Computer, liegt doch in falschen Begriffen, falschen Ideen und falschen Denkweisen der Ursprung für falsches Management. Daher sind die Wörter, die in einem Unternehmen verwendet werden, von entscheidender Bedeutung.

Die wirtschaftlichen Fehlentwicklungen und Exzesse der jüngeren Vergangenheit sind maßgeblich der Verwirrung von Sprache und Denken zuzuschreiben. Diese Meinung vertrete und publiziere ich konsequent seit den 1990er Jahren. Es handelt sich also um keine verspätete Besserwisserei, die mich zu meiner kritischen Haltung veranlasst.

Ohne Sprachverwirrung hätte es weder den Unfug der New Economy geben können, die aus den naiv behaupteten Wundern von Informatisierung und Digitalisierung ohne materielle Wertschöpfung hätte erblühen sollen, noch wäre der Spuk des Shareholder-Value möglich gewesen, der zu einer der größten Fehlallokationen wirtschaftlicher Ressourcen geführt hat. Weder hätten Bilanzmanipulation und Bilanzbetrug in historischem Ausmaß vorkommen können noch die Verwechslung von Börsen-Start-ups mit echter Innovation. Wie »Money Burn Rate« jemals zu einem respektierten Begriff der Unternehmensbeurteilung werden konnte, wird von der Massenpsychologie[1], besonders den Spezialisten für Börsenhysterie, zu erklären sein. Ohne Sprachverwirrung wäre auch die medial kritiklos verbreitete Fata Morgana von der weltweiten Überlegenheit amerikanischer Wirtschaft und ihres Managements unmöglich gewesen. Und nicht zuletzt ist auch die weltweite Finanz- und Wirtschaftskrise, in der wir uns momentan befinden, die Konsequenz aus psychologischen Irrtümern und Management-Irrtümern.

Klare Sprache ist ein Instrument klaren Denkens. Sie hätte jene Differenzierung und Skepsis geschaffen, die für die realitätsgetreue Orientierung von Wirtschaft und Gesellschaft unerlässlich sind.

Was George Orwell in »1984« nur skizzieren konnte, ist in der Mediengesellschaft des Neoliberalismus im Übergangsjahrzehnt zum dritten Jahrtausend perfektioniert worden. Das hat zu einer schweren, vielleicht auf Jahre nicht heilbaren »Virenerkrankung« eines der wichtigsten Organe dieser Gesellschaft – des Managements – geführt. Selbst wenn die Krankheit eines Tages, wenn eine neue Managergeneration herangewachsen ist, beseitigt sein wird, werden die Schäden noch lange nicht geheilt und die Folgen noch lange nicht überwunden sein.

Klarheit der Sprache für gute Führung

Wer ein Unternehmen oder eine andere Institution richtig und gut führen will, muss auf die Sprache achten. Manche Begriffe sollten ganz vermieden werden; bei anderen ist klarzustellen, wie sie zu gebrauchen sind. Wie weit man gehen will, muss im Einzelfall entschieden werden. Vielleicht hat man trotz aller Vorbehalte gute Gründe, gewisse »gefährliche« Wörter weiter zu verwenden. Man muss sich aber immer darüber im Klaren sein, dass Risiken mit ihnen verbunden sind: Risiken von Missverständnissen und, am wichtigsten, von Fehlentscheidungen.

So hatte zum Beispiel der Vorstand einer erfolgreichen Bank den Mut, die Mitarbeiter dazu anzuhalten, Fremdwörter zu vermeiden. Das mag etwas weit gehen, ist aber nicht nur mutig, sondern gut für Klarheit, Verständlichkeit und funktionierende Kommunikation. Zudem ist es ein wirksamer Schutz gegen Bluffer und Angeber. Ein solches Verbot ist kein Verstoß gegen das Grundrecht der Meinungsfreiheit. Selbstverständlich dürfen und sollen alle Mitarbeiterinnen und Mitarbeiter ihre Meinung frei äußern; sie werden nur dazu angehalten, das in einer verständlichen Sprache zu tun.

In diesem Buch behandle ich eine Auswahl von Wörtern, deren Verwendung ich als Unsitte ansehe und teilweise für gefährlich halte, wie zum Beispiel »Vision« und »Leadership«. Zum Teil sind es auch Wörter, aus denen sich eine fehlgeleitete Praxis entwickelt hat, wie etwa »Personalentscheidungen«, oder umfassende Fehleinschätzungen wie bei »US-Managementüberlegenheit«. Es sind Wörter, die in den letzten Jahren so häufig verwendet wurden, dass sie zu Standardbegriffen im Management und ihre Bedeutungen zu herrschenden (Falsch-)Meinungen geworden sind.

Zum Teil sind diese Wörter Ausdruck und Folgen von Moden. Überhaupt ist Management wie kaum ein anderes Gebiet von Moden durchsetzt. Solange etwas in Mode ist, wird es meistens dogmatisch vertreten, oft mit inquisitorischem Eifer, insbesondere von jenen, die die Moden im Management machen, häufig Beratungsfirmen, deren Geschäftsbasis sie sind. Zu einem guten Teil sind die hier behandelten Wörter aber auch die Folge mangelhafter Ausbildung im Management. Das führt dazu, dass Moden als solche nicht erkannt werden. Viele Führungskräfte hatten nie Gelegenheit, sich fundierte Kenntnisse über Management anzueignen. Sie verfügen lediglich über Halbwissen, das bekanntlich gefährlicher ist als Unwissen.

Es ist ein klares Zeichen von gutem Management, wenn in einem Unternehmen dagegen vorgegangen wird. Funktionierende Kommunikation und echte Verständigung sind in einer Organisation ohnehin schwierig genug. Dazu tragen die in der Regel nicht besonders hoch entwickelten allgemeinen sprachlichen Fähigkeiten im Management bei. Wenn zusätzlich Begriffe falsch und irreführend verwendet werden, kann gute Kommunikation kaum gelingen.

Die Gefährlichkeit der hier behandelten Begriffe liegt nicht nur in dieser allgemeinen Kommunikationsschwierigkeit, sondern noch stärker darin, dass sie Irrtümer begründen und damit das Denken und Handeln von Management und Mitarbeitern in die falsche Richtung lenken. Sie transportieren Vorstellungen über Führung von Unternehmen, den Umgang mit Mitarbeitern und das Verhalten gegenüber Kunden, die schädlich und manchmal Ursache für den Untergang von Unternehmen sind.

Die Begriffe, die ich als »gefährlich« einstufe, dienen vielen Zwecken. Mit ihnen wird Meinung, Politik und Geschäft gemacht, werden Interessen verfolgt und Status legitimiert. Es sind Begriffe, mit denen man zu beeindrucken versucht.

Zu beeindrucken ist die Strategie einer gewissen Sorte von Experten und Intellektuellen. Eindruck zu machen ist die wichtigste, weil einzige Basis ihrer Existenz. Daher tun sie alles, um den semantischen Schein zu wahren – als Pseudowissenschaftler, als graue Eminenzen in den Organisationen, in Stabsbereichen, in Kommissionen, als Berater, Spezialisten, Therapeuten und Gurus. Ihre bevorzugten Mittel sind Sprachwolken, hochtrabende Begriffe und schicke Worthülsen.

Gute Führungskräfte lassen sich nicht beeindrucken, jedenfalls nicht auf Dauer.

Mehr als Sprachfinessen

Es geht weder um Sprachfinessen noch um Stil- oder Geschmacksfragen, sondern um richtiges Denken und wirksame Verständigung. Die »gefährlichen« Wörter sind eine Quelle von Missverständnissen. Sie erschweren vernünftige Kommunikation. Sie sind die Ursache von fehlgeleiteten Erwartungen und falschem Verhalten von Mitarbeitern. Im Extremfall machen sie die Führung einer Organisation unmöglich.

Es geht um Klarheit, Verständlichkeit und professionelle Präzision. Eine klare und genaue Terminologie ist Kennzeichen hoch entwickelter Wissenschaften und Disziplinen. Die Beherrschung der Begriffswelt ist eine unverzichtbare Bedingung für Professionalität und Kompetenz.

Niemand würde in den technischen und naturwissenschaftlichen Fächern ernst genommen, der Geschwindigkeit und Beschleunigung nicht auseinanderhalten kann. Ein Jurist, der zwischen Eigentum und Besitz oder Miete und Leasing nicht zu unterscheiden weiß, ist nicht nur inkompetent, sondern gefährlich. Man würde ihm einen Fall im Sachenrecht nicht anvertrauen dürfen. Gerade, wo es um feine, aber wichtige Unterscheidungen geht, sind Klarheit und Präzision entscheidend.

Analoges kommt im Management nicht als Ausnahme, sondern regelmäßig vor. Wir sind hier weit entfernt von der in anderen Disziplinen längst erreichten und selbstverständlichen Präzision. In fast jeder Diskussion mache ich die Erfahrung, dass Führungskräfte, so professionell sie in ihren Fachdisziplinen sein mögen, in Managementfragen keine klaren Begriffspositionen haben.

Bloßes Definieren und etymologische Bedeutungsklärung sind nicht mein Anliegen. Jedes der hier besprochenen Wörter steht stellvertretend für eine falsche Theorie, für eine weit verbreitete, einflussreiche, aber irreführende Meinung im Management – und es geht um ihre Richtigstellung: für besseres und verantwortungsvolleres Management.

Psychologische Irrtümer

Charisma

Wir brauchen Leader mit Charisma! Das ist eine Forderung, die seit einiger Zeit mit wachsendem Nachdruck erhoben wird.

Dass es nicht genügt, wenn Manager lesen und schreiben können und durchschnittlich anständige Menschen sind, ist klar. Sie haben höhere Anforderungen zu erfüllen. Muss man deswegen gleich ins andere Extrem fallen? Irgendwie ist die Vorstellung in die Welt gekommen, Manager, insbesondere jene an der Spitze, müssten eine Mischung aus einem Nobelpreisträger, einem antiken Feldherrn und einem TV-Showmaster sein…ein Universalgenie…eine Eier legende Wollmilchsau…

Man hat gelernt, in Zusammenhang mit Management viel Unsinn zu tolerieren. Nun auch noch Charisma…Damit wird der Unsinn gefährlich. Sollte man nach den Erfahrungen des 20. Jahrhunderts nicht etwas vorsichtiger sein und vielleicht erst denken, bevor man redet? War nicht gerade das vergangene Jahrhundert die Epoche der charismatischen Führer schlechthin, und hießen sie nicht Hitler, Stalin und Mao?

Bezeichnenderweise wird immer der englische Ausdruck »Leader« verwendet. Man traut sich nicht, das Kind beim Namen zu nennen: Führer. Es mag gelegentlich wegen Übersetzungsschwierigkeiten besser sein, bei den englischen Begriffen zu bleiben. »Leader« lässt sich aber einfach, glasklar und irrtumsfrei ins Deutsche übersetzen. Das allerdings wäre dem Fabulieren und romantischen Schwärmen über Charisma hinderlich. Auch ein kurzer Blick ins Lexikon oder in die Soziologie von Max Weber würde helfen, den gröbsten Unfug zu vermeiden.[2]

Echtes Wissen scheint in der viel beschworenen Wissensgesellschaft, sofern es um Management geht, am wenigsten gefragt zu sein.

Geschichtlich haben charismatische Führer fast immer Katastrophen bewirkt – in allen Bereichen. Echte Führer brauchen kein Charisma. Sie führen durch Selbstdisziplin und durch Beispiel, nicht durch Parolen und Hurrageschrei. Nicht Charisma ist ihr Kapital, sondern Vertrauen.

Die Wirkung von Charisma auf Menschen will ich nicht bestreiten. Gerade deshalb ist nicht entscheidend, ob wir geführt werden, sondern wohin. Die Wirkung von Führern ist wichtig, muss aber kontrolliert sein durch Verantwortung und die Art der Ziele.

Charismatische Führer sind gefährlich, weil sie sich nicht an Regeln halten. Sie sind unberechenbar; sie glauben, das Universum unter Kontrolle zu haben; sie verfolgen Utopien. Sie sind überzeugt, in allem Recht zu haben, werden rigide und sind daher rasch auf der falschen Spur. Sie sind keine Führer, sondern Verführer. Eine Leadership-Theorie, die diesen Unterschied nicht zu erfassen vermag, ist wertlos.

Einige hochwirksame Führer des 20. Jahrhunderts hatten überhaupt kein Charisma, wie etwa Dwight D. Eisenhower, George C. Marshall und Harry Truman in Amerika oder Konrad Adenauer und Kurt Schumacher in Deutschland. Und kaum jemand im 19. Jahrhundert besaß so wenig Charisma wie Florence Nightingale, Abraham Lincoln oder Henry Dunant. Alle sind erstrangige Kandidaten für echte Führerschaft, wenn auch auf ganz unterschiedlichen Gebieten.

Charisma, das kann leicht bewiesen werden, ist für echte Führung weder notwendig noch wünschenswert. Natürlich kann nicht ausgeschlossen werden, dass charismatische Persönlichkeiten gelegentlich auch gute Führer sein können. Wegen ihrer Wirkung sind sie großen Gefahren und Versuchungen ausgesetzt und immer ein Risiko.

Es mag schon stimmen, dass das 21. Jahrhundert, wie man oft hört, fähige Führer brauchen wird. Nach den Desastern des 20. Jahrhunderts tut man aber gut daran, keine geschichtsblinde Idee von Führung zuzulassen.

Begeisterung

Führungskräfte müssen Menschen begeistern können (A leader has to be able to fill people with enthusiasm).

So oder so ähnlich tönt es aus den Magazinen; so steht es in Büchern. Das sind übliche Meinungen, die in praktisch jeder Diskussion vorkommen. Es sind Standardaussagen in den einschlägigen Instrumenten, sprich den Auswahl- und Beurteilungsverfahren und den darauf gestützten Gutachten, von Headhuntern und Eignungstestern, und es sind Standardkategorien in den Kompetenztests.

Man unterstellt eine positive Beziehung zwischen Begeisterung und Leistung. Man glaubt, je mehr jemand begeistert ist von dem, was er zu tun hat, desto mehr Leistung werde er erbringen. Das mag plausibel klingen, wo aber sind die Beweise?

Es gibt keine Beweise. Anscheinend ist das noch niemandem aufgefallen: Es gibt keine Untersuchung, die das Problem auch nur aufgeworfen hätte, ganz zu schweigen davon, dass diese Beziehung nachgewiesen worden wäre.

Mögliche Untersuchungen würden schon daran scheitern, dass man Begeisterung weder messen noch operationalisieren kann; man kann Begeisterung auch nicht zum Zwecke eines Experiments herbeiführen. Die These von der Begeisterung klingt zwar »irgendwie« überzeugend, ist aber schierer Aberglaube. So stelle ich zwei andere Thesen auf:

1. Je mehr jemand von etwas begeistert ist, desto geringer sind typischerweise seine Kenntnisse von der Sache und desto fragwürdiger sind daher seine Fähigkeit und seine Leistung.
2. Echte Leistung, besonders die Spitzenleistung, benötigt keine Begeisterung; diese ist im Gegenteil eher hinderlich. Was benötigt wird, sind Kompetenz und Erfahrung.

Meine beiden Thesen mögen abenteuerlich klingen. Die Bestätigungen dafür sind aber zahlreich. Jeder kennt Leute, die zwar hochbegeistert Ski fahren oder Tennis spielen – leider aber schlecht. Und man kennt andere Leute, die diese Sportarten hervorragend ausüben – ohne sonderliche Begeisterung. Sie haben womöglich Freude daran, meistens aber nur, solange sie es als Hobby betreiben. Wer es berufsmäßig tut oder tun muss, wie Skilehrer oder Tennisprofis, ist weit mehr von Pflichtbewusstsein und Professionalität, vielleicht auch Vertragserfüllung, Ehrgeiz oder Geldgier geprägt als von Begeisterung. Auch der interessanteste Beruf kann nicht ein Leben lang mit Begeisterung verbunden sein. Man kann im Übrigen gar nicht ständig begeistert sein; das nutzt sich schnell ab. Handwerker, Arbeiter, Lehrer, Kellner, Krankenschwestern, Ärzte und Führungskräfte in der Wirtschaft sind für die Berufsausübung weder auf Begeisterung angewiesen, noch ist sie hilfreich.

Für erbrachte Spitzenleistungen blicke man auf den Sport, insbesondere auf den Profisport und die damit verbundenen Herausforderungen. Ein erfahrener Sportler ist vor einem schwierigen Wettbewerb alles andere als begeistert; er wüsste gar nicht, was ihm das helfen sollte.

Was dem Sportler hilft, ist das Wissen, ausreichend trainiert zu haben, seine Disziplin zu beherrschen und in Hochform zu sein. Beim Bergsteigen konnte ich das oft genug selbst erleben, und alle

Tourenberichte über schwierige bis extreme Bergtouren bestätigen das. Nur bei den leichten Touren gibt es so etwas wie Begeisterung. Selbst wenn es während der Vorbereitung auf eine Expedition oder an ihrem Beginn Begeisterung gibt, so hält sie niemals lange genug an, um jemanden zum Gipfel zu bringen. Dafür sind andere Dinge nötig. Am Gipfel selbst mag es Begeisterung geben, aber dann ist die Leistung schon erbracht. Und Begeisterung gibt es auch nur dann, wenn man nicht noch einen schwierigen, langen Abstieg vor sich hat, denn dann ist nochmals Leistung nötig, nicht selten der schwierigere Teil. Nein, Begeisterung ist keine Kategorie vor der Leistung und für die Leistung. Begeisterung kommt danach.

Job-Hopper

In den Jahren während des Booms wurden die Menschen geradezu zum Bluffen erzogen, verleitet, ja gezwungen. Das Geschwätz von den Ich-Marken, vom »War for Talent«, die »Recruiting-Events« gewisser Firmen und die allgemeine Modewelle der Selbstdarstellerei hat selbst jene, die von sich aus gar nicht zu solchem Verhalten neigen, mehr oder weniger gezwungen, sich der Show anzupassen.

Man kann schon in jungen Jahren erkennen, wer es mit äußerem Schein und Bluff probiert und wer auf Substanz und echte Leistung zielt. Deutlich mehr als die Hälfte meiner Studenten und unserer jüngeren inner- und überbetrieblichen Seminarteilnehmer waren und sind davon angewidert, sich mit Effekthascherei profilieren zu müssen. Sie empfinden das geradezu als Prostitution. Dieser Unfug hat den falschen Leuten eine Bühne bereitet und die Aufmerksamkeit gewisser Medien verschafft. Es sind jene, die die »dünnsten Bretter bohren«.

Eine der wichtigsten und gleichzeitig schwierigsten Aufgaben in jedem Unternehmen, egal welcher Größe, ist die Personalauswahl.

Wie trennt man die Spreu vom Weizen, die Bluffer von den Leistenden? Worauf man achten muss, ist heute wichtiger zu wissen denn je.

Positionen oder Ergebnisse

In Wirtschaft und Politik ist in der Vergangenheit nicht selten ein bestimmter Typus von Manager in hohe und höchste Stellen gelangt. Dieser Typ versteht es geschickt, seine tatsächliche Unfähigkeit zu verschleiern; er beherrscht die Rituale und den Small Talk; er weiß, wem und wie er schmeicheln muss; er macht sich als Einflüsterer breit.

Die heutige Gesellschaft oder besser: weit verbreitete Mängel bei den Personalentscheidungen machen es ihm oft leicht, weil auf Positionen und nicht auf Ergebnisse geachtet wird.

Auf diesen Typus mache ich hier besonders aufmerksam. Er kommt als Folge von fehlgeleiteter Personalpolitik und missverstandener Karrierevorstellungen häufig vor: Es ist der Job-Hopper.

Job-Hopper sind Leute, die Positionen sammeln – Durchgangspositionen – statt Ergebnisse. Ihre Lebensläufe sind auf den ersten Blick sehr beeindruckend. Sie enthalten lange Listen von Stellen, die sie innehatten, häufig mit imponierenden Bezeichnungen, wie »Assistent«, »Koordinator«, »Beauftragter für«, »Mitwirkung bei«, »Referent von«. Besonders eindrucksvoll klingt das alles auf Englisch. Wenn »Chief Group Coordinator« auf einer Visitenkarte zu lesen ist, traut sich niemand zu fragen, was die Person wirklich tut.

Bei genauer Analyse findet man zwei Dinge meistens nicht, nämlich Verantwortung und Ergebnisse – und vor allem: Verantwortung für Ergebnisse. Das aber ist das Einzige, was in der Wirtschaft wirklich zählt und zählen sollte.

Leute mit langen Listen von Positionen sind in aller Regel keine wirksamen Manager, sondern häufig Karrieristen. In ihren Lebensläufen findet man vieles; in ihrem Leben allerdings nur eines:

nämlich einen untrüglichen Instinkt dafür, wann sie gehen müssen. Und sie gehen immer genau ein halbes Jahr, bevor die Ergebnislosigkeit zu sehen ist, manchmal auch der »Mist« zu riechen beginnt, den sie hinterlassen werden.

Job-Rotation

Das Ignorieren der Ergebnisse als entscheidende Orientierungsmarke wird in vielen Großunternehmen aktiv gefördert: durch missverstandene Job-Rotation.

Das Ziel ist selbstverständlich ein ganz anderes und richtiges, nämlich möglichst umfassende Ausbildung und Erfahrung für die aussichtsreichen Mitarbeiter. Gegen das Prinzip der Job-Rotation kann nichts gesagt werden, es muss aber richtig eingesetzt werden. Positiv wirkt es nur dann, wenn mit jeder Station auch nachweislich Resultate verknüpft sind.

Dass es zu lange Verweildauern in einer Position geben kann, ist klar. Weniger klar scheint zu sein, dass eine immer größere Zahl von Führungskräften, darunter besonders die jungen, eine viel zu kurze Verweildauer haben, um Resultate zu erzielen. Sie rotieren schon zum nächsten Job, bevor die Arbeit getan ist und Ergebnisse zu sehen sind. Job-Rotation ist gut und wichtig für Menschen in ihren Zwanzigern; und es ist nochmals notwendig für die »Vierziger«.

Die entscheidende Altersgruppe aber sind die Dreißig- bis Vierzigjährigen. Für diese Menschen ist dafür zu sorgen, dass sie das Wichtigste in ihrem Leben erlangen können – das, woraus allein Selbstvertrauen, Selbstsicherheit, Selbstachtung, lebenslange Selbstmotivation und vor allem Glaubwürdigkeit und natürliche

Autorität in einer Organisation resultieren können. Dafür gibt es nur eine Quelle: sichtbare, überzeugende Resultate und nicht Positionen.

Man kann keine Zahl für die Verweildauer an einer Stelle und somit das Job-Hopping angeben, aber es gibt ein sicheres Kriterium: Man muss lange genug in ein und derselben Position bleiben, um Ergebnisse zu erzielen, die andere wahrnehmen können und sie überzeugen. Dabei schließe ich nicht aus, dass das gelegentlich auch in den üblichen eineinhalb bis zwei Jahren möglich ist. Aber es gibt nicht viele ernst zu nehmende Aufgaben, in denen man nach zwei Jahren tatsächlich ins Gewicht fallende Resultate sehen kann. Meistens wird es, wenn man realistisch ist, länger dauern.

Wer zwischen seinem dreißigsten und vierzigsten Lebensjahr mehr als drei oder vier Positionen innehatte, muss sich bezüglich des Job-Hoppings einige Fragen gefallen lassen. Und er tut gut daran, sich die Antworten genau zu überlegen, insbesondere wenn er es mit einem kompetenten Personalchef zu tun hat.

Der wird ihn fragen: Was haben Sie bisher gemacht? Welche Resultate haben Sie erzielt? Wie hat jede Stelle ausgesehen, als Sie sie angetreten haben, und wie hat sie ausgesehen, als Sie sie verlassen haben? Worauf sind Sie wirklich stolz? Und warum?

Ein Job-Hopper findet keine überzeugenden Antworten. Die Wahrscheinlichkeit ist groß, dass er inkompetent ist und es zu verschleiern versucht – und sich damit unter den Zwang einer Lebenslüge stellt: nämlich für den Rest seines aktiven Lebens allen Leuten etwas vorgaukeln zu müssen, für das er nie den Beweis antreten kann.

Talent

Eine der größten Irreführungen im Personalwesen der letzten Jahre wurde durch den großsprecherischen Slogan vom »War for Talent« eingeleitet. Bereits das martialische »War« sollte stutzig machen. Wenn schon Krieg, dann ist es eher ein »War for Performance«, ein Krieg um Leistung.

Inzwischen gibt es kaum eine Präsentation von Personalleuten ohne das Wort »Talent«. Fragt man, was damit gemeint sei, kommen die meisten ins Schleudern und antworten vage: … irgendeine Begabung…, jemand, der eben gut ist…

So schlage ich vor, weitgehend ohne das Wort »Talent« auszukommen. Es lenkt einmal mehr, wie so oft im heutigen Managementverständnis, die Aufmerksamkeit auf das Außergewöhnliche, das Seltene, das Besondere. Im Duden ist unter »Talent« zu lesen: »Anlage zu überdurchschnittlichen geistigen oder körperlichen Fähigkeiten auf einem bestimmten Gebiet; angeborene besondere Begabung«.

Zwar bestreite ich nicht, dass es Talente gibt. Doch ich bestreite, dass sie im Management und für den Erfolg eines Unternehmens von wesentlicher Bedeutung sind. Im Management sind nicht Talente, sondern Resultate erforderlich. Jeder kennt genügend Leute, denen man durchaus Talent zuschreiben kann, die es allerdings nie zu etwas gebracht haben. Und man kennt das Gegenteil: Menschen, die kaum eine nennenswerte Begabung haben und dennoch ganz Erstaunliches leisten und erreichen. Wenn man schon nicht ohne das Wort »Talent« auskommen will, dann sollte man sich wenigstens auf die Nutzung von Talenten konzentrieren, denn nicht das Talent als solches ist wichtig, sondern was man daraus macht.

Ebenso rate ich aufzuhören, von »guten Leuten« zu reden. Es gibt keine guten Leute. Die Frage muss immer lauten: Gut wofür?

Was wir benötigen, ist die Kenntnis der spezifischen Stärken einer Person. Stärken sind nicht dasselbe wie Talent. Sie sind viel profaner, konkreter und praktischer. Jene, die mit »Talent« operieren, schwenken in Diskussionen über diesen Punkt dann rasch um und behaupten, mit »Talent« dasselbe zu meinen wie ich mit »Stärke«. Das ist analog zur bereits angesprochenen Verwechslung von Eigentum und Besitz oder Dichte und Masse. Es ist Begriffsjonglieren und Etikettenschwindel anstelle von Klarheit und Präzision.

Potenzial

In dieselbe Kategorie wie »Talent«, und mit diesem häufig gleichbedeutend verwendet, fällt auch das Wort »Potenzial«. Dies gilt insbesondere in der beliebten Steigerungsform des »High Potential« für »vielversprechende Leute«. Mein Vorschlag ist, statt auf Potenzial auf Leistung zu achten und statt von »High Potential« von »Hochleistung« zu sprechen.

Das ist keineswegs dasselbe. Potenzial ist eine Möglichkeit, ein Versprechen, nicht selten – wie sich häufig herausstellt – ein leeres Versprechen, etwas, worauf man hoffen kann. Leistung dagegen ist etwas bereits Nachgewiesenes, etwas, worauf man bauen kann.

Es ist schlichtweg unmöglich, Potenzial zuverlässig zu beurteilen. Das Einzige, was man zutreffend bestimmen kann, sind die Leistung, die jemand erbracht, und die Stärken, die er dabei unter Beweis gestellt hat. Alles andere ist Vermutung, Hoffnung, Projektion.

Es gibt keine brauchbaren Methoden, um Potenzial als solches zu erkennen. Wir können immer nur von schon erbrachten Leistungen auf zukünftige Leistungen schließen. Daher muss die bereits gezeigte Leistung im Zentrum der Aufmerksamkeit stehen, kein ominöses Potenzial. Man braucht keine Liste von »Potentials«, sondern eine Liste von »Leistern«, aus denen man auswählen kann, wenn Positionen zu besetzen sind.

In gut geführten Firmen verlässt man sich nicht auf Potenziale. Man kann das Wort als solches verwenden, muss aber sehr genau darauf achten, was damit gemeint ist. Die einzige Grundlage für Potenzialbeurteilungen sind reale Leistungstests und praktische Bewährungsproben.

Noch etwas Weiteres ist wesentlich, ja entscheidend: Mit beiden Begriffen – Talent und Potenzial – ist verbunden, dass die Aufmerksamkeit ausschließlich auf die Person gelenkt wird, als ob in ihr die Voraussetzungen für Erfolg zu finden wären. Man übersieht, dass für Wirkung und Erfolg zwei Elemente wichtig sind. Das eine ist die Person mit ihren spezifischen Stärken; das andere ist die spezielle Aufgabe, die zu erfüllen ist. Man beachte, dass ich nicht von »Stelle« oder »Position« spreche, sondern von »Aufgabe«, noch präziser von »Auftrag« oder im Englischen von »Assignment«. Das ist etwas anderes als die Stelle; es ist die auf einer Stelle für die nächste überschaubare Zeit entscheidende Schlüsselpriorität.

Wenn man Menschen zu Leistung bringen will und Ergebnisse für das Unternehmen braucht, dann müssen die Stärken von Menschen mit den Aufgaben zur Deckung gebracht werden. Zugegeben, das ist nicht einfach. Doch es ist wesentlich leichter, Aufgaben zu verändern als Menschen. Durch die Fixierung auf den Menschen vergisst man fast durchweg das zweite Element, die Aufgabe. Gut geführte Unternehmen legen den Schwerpunkt auf die Aufgaben. Damit erzielen sie durchschlagende Erfolge, und zwar mit ganz gewöhnlichen Leuten, denn auch sie haben keine Universalgenies als Mitarbeiter.

Fehlermachen

Darf man Fehler machen? Manager, auch hochrangige, berichten regelmäßig mit sichtbarem Stolz, dass man in ihrer Firma Fehler machen dürfe. Sie tun es in der offenkundigen Überzeugung, hiermit einen Beweis besonderer Fortschrittlichkeit zu liefern.

Früher habe ich über dieses Thema viel diskutiert. Heute beschränke ich mich auf ein paar Fragen: Würden Sie in ein Flugzeug steigen, wenn Sie wüssten, dass diese Fluggesellschaft stolz auf die Fehler ihrer Piloten ist? Würden Sie Ihre Frau, Kinder oder Eltern in ein Krankenhaus bringen, in dessen Leitbild steht, dass man Fehler machen darf? Und würden Sie die Medikamente eines Pharmaunternehmens kaufen, wenn es das Fehlermachen hochhält?

Die Antwort darauf, wie könnte es anders sein, lautet immer: »Ja, so habe ich das nicht gemeint …« Nun, wie denn dann? Es ist bemerkenswert, wie viel Unsinn sich in die Managementlehre einschleichen konnte und wie unkritisch Führungskräfte sein können – immerhin Leute, denen volkswirtschaftliche Ressourcen und das Schicksal von Menschen anvertraut sind.

Manche kommen sich weise vor, wenn sie differenzieren: Fehler darf man machen, aber nie denselben zweimal. Das ist, zugegeben, schon besser. Aber es genügt immer noch nicht. Es gibt Fehler, die man überhaupt nicht machen darf, nicht ein einziges Mal. Wie oft darf ein Apotheker ein falsches Medikament aushändigen?

Dann wird eine andere Variante bemüht: Fehler darf man machen, aber nur, um aus ihnen zu lernen. Auch das kann man nicht gelten lassen. Dem Patienten nutzt es wenig, wenn eine Krankenschwester aus ihrem Fehler lernt, nachdem er aufgrund einer von ihr verwechselten Spritze gestorben ist.

Dass Fehler vorkommen, dass sie auch bei bestem Management passieren, ist eine Tatsache, mit der man leben muss. Daraus aber einen Freibrief für Fehler abzuleiten, darauf stolz zu sein und das als besonderen Managementfortschritt zu propagieren, ist gefährlich.

Die Maxime, die im Management zu gelten hat, lautet: Fehler darf man nicht machen. Das ist die Basis, von der prinzipiell auszugehen ist.

Erst wenn dieser Grundsatz akzeptiert ist, kann sinnvoll differenziert werden: Zum Beispiel muss in einem Unternehmen experimentiert werden können, und dabei passieren Fehler. Das hat aber mit »Fehler machen dürfen« im vorherigen Sinne nichts zu tun. Man experimentiert unter kontrollierten Bedingungen so, dass Fehler keine schwerwiegenden Konsequenzen haben können. Ebenso ist klar, dass Fehler bei Anfängern in Kauf zu nehmen sind, dort, wo Leute ausgebildet und eingearbeitet werden, wo Erfahrungen zu machen sind. Aber auch das geschieht in aller Regel abgesondert vom laufenden Geschäft, unter Aufsicht und Anleitung, bis man einigermaßen sicher sein kann, dass eben keine Fehler mehr passieren. Das ist der Zweck von Ausbildung.

Kritisch gegen die hier vertretene Auffassung wird manchmal vorgebracht, dass es Organisationen gebe, in denen die Leute überhaupt nichts mehr tun, aus lauter Angst, Fehler zu machen. Das ist richtig, es gibt derartige Organisationen. Ich bin solchen Fällen in meiner Beraterpraxis immer wieder begegnet. Dass dies kranke Organisationen sind, braucht nicht speziell betont zu werden.

Es gibt mehrere Gründe, die zu einer solchen Entwicklung führen können, darunter schwere Führungsfehler gerade im Umgang mit Fehlern. Dennoch besteht die Lösung in keinem Falle darin, plötzlich zu predigen, man dürfe nun Fehler machen.

In allen Berufen einer modernen Gesellschaft dürfen Fehler nicht vorkommen. Das gilt für Herzchirurgen, Wirtschaftsprüfer und Piloten. Warum sollte es für Manager und ihre Mitarbeiter nicht gelten? Nur eine bestimmte Sorte von scheinbar modernen, in Wahrheit aber einfach dummen Managementgurus glaubt offenbar, dass das für sie nicht gelte, dass sie sich die Sorglosigkeit ihrer kindlichen Sandkastenphase ein Leben lang leisten könnten. Sie scheinen in einer Welt zu leben, in der es weder Professionalismus noch Sorgfaltspflicht gibt. Sie scheinen noch nichts von Haftung und Schadenersatz gehört zu haben. Und leider gibt es Manager, denen es entweder an Verstand oder Zivilcourage fehlt, solchen Leuten das Handwerk zu legen. Ja, schlimmer, sie machen diesen Unfug nach und führen ihn in ihren Unternehmen ein.

Fehler darf man nicht machen. Das muss die Grundlage sein. Von hier aus kann man beginnen, den Grundsatz mit Augenmaß zu lockern: Wann, wo, von wem und unter welchen Umständen dürfen Fehler gemacht werden und welche dürfen überhaupt nicht vorkommen? Alles andere ist der Ersatz von verantwortungsbewusstem Management durch Mode und Einfalt.

Herausforderungen

Dass Wirtschaftsunternehmen keine Glücksfindungs-, Wellness- und Selbstverwirklichungshorte sein können, hat jeder durchschnittliche Mensch mit den Rezessionsjahren begriffen. Dass sie es gar nicht sein sollen, ist von klarsichtigen Leuten immer vertreten worden, auch wenn sie dafür zeitgeistkonform häufig verachtet wurden.

Es verwundert dennoch, dass der Selbstverwirklichungs-Wahn (-sinn) immer wieder neu auftaucht, unter anderem besonders gut maskiert und dort, wo man ihn am wenigsten erwarten würde: nicht bei durchschnittlichen Mitarbeitern, sondern bei einer bestimmten Art von »Managerchen«, die sich besonders leistungsorientiert und dynamisch zu geben meint. Man erkennt sie zuverlässig daran, dass sie mit Vorliebe von Herausforderungen reden; dass sie vermelden, immer »neue Challenges zu brauchen«.

Egomanie

Vielen scheint die Suche nach Herausforderungen ein klares, wichtiges und positives Eignungsmerkmal zu sein. Genau daran erkennt man in Wahrheit aber ihre Inkompetenz. In ihren Bewerbungen führen die Kandidaten häufig an, dass sie in der zu besetzenden Stelle eine »neue Herausforderung« sehen. Und regelmäßig begründen Manager in Medieninterviews den Antritt einer neuen Stelle mit dem Hinweis auf die Herausforderung, die sich ihnen biete.

Manchmal mag das nur gedankenloses Gerede sein; schlimm, wenn es vor Kameras geschieht, und inakzeptabel für Führungskräfte, von denen zuvorderst erwartet werden muss, dass sie denken, bevor sie reden. Häufig genug sind das nicht gute Manager, sondern schlichtweg Egozentriker, darunter »ausgewachsene« Egomanen, auf ihrem Selbstverwirklichungstrip – meistens in Kombination mit einem Hang zu Visionen. Damit sind sie eine Gefahr.

Nicht, was das Unternehmen braucht, interessiert sie – sondern was sie selbst brauchen. Nicht die Aufgabe ist ihr Bezugspunkt – sondern ihre eigenen Bedürfnisse. Es kümmert sie nicht, ob sie den Herausforderungen, nach denen sie lechzen, auch gewachsen sind – also Ergebnisse erzielen werden.

Mit der ihnen zumeist eigenen Mischung aus Naivität und Arroganz, aber ganz im Geist der Zeit, fühlen sie sich zu allem fähig, wenn es sie nur »herausfordert«, als ob ein inneres Gefühl der Herausforderung ein Befähigungsnachweis wäre. Sie brauchen den »Kick«, wenn möglich einen, für den sich die Medien interessieren. Im Verbund mit den Visionen, an denen sie häufig auch noch leiden, hinterlassen sie ihren Nachfolgern nach meist kurzer Zeit halb erledigte Aufgaben oder einen Scherbenhaufen – während sie selbst bereits wieder zu »neuen Ufern« anderer Herausforderungen unterwegs sind. Noble Adressen aus der Finanzwelt, der internationalen Telekommunikationsszene und dem New-Economy-Kindergarten lassen grüßen.

Ein typisches Beispiel ist ein Spitzenmanager, der der staunenden Öffentlichkeit via Fernsehinterview und dann in einigen Talkshows anlässlich eines überraschend schnellen Stellenwechsels eben dieses mitteilte: Er brauche immer neue Herausforderungen. Mehr noch: Wenn er (wörtlich) nicht feuchte Hände habe, dann mache ihm die Aufgabe schon keinen Spaß mehr, dann müsse er sich nach Neuem umsehen. Es war offensichtlich, wie beeindruckend das auf manche Kommentatoren wirkte; wie sie diese Formulierungen liebten und darin den Inbegriff modernen Managements zu erblicken wähnten – und nicht merkten, dass sie nur ein Podium boten für die Verbreitung von spätpubertären Peinlichkeiten und die Bemäntelung eines veritablen Desasters.

Überforderung

Ist es denkbar, dass »feuchte Hände« kein Zeichen für besondere Kompetenz sein könnten, sondern eines für das genaue Gegenteil, für hoffnungslose Überforderung? Was wäre von einem Piloten zu halten, der vor lauter Herausforderung ob eines Interkontinentalfluges feuchte Hände bekommt? Oder von einem Chirurgen, der zu schwitzen beginnt, weil er die Operation als Herausforderung empfindet? Würde man ihnen nicht empfehlen, so lange weiterzuüben, bis sie ihre Aufgaben ohne Überreaktion ihrer Schweißdrüsen und Sonderproduktion von Adrenalin ruhig und gelassen – eben professionell – erledigen können?

»Beyond the limits«, wie man immer wieder hört, ist schon in Ordnung, aber nur für Leute, die Grenzen als solche zunächst einmal zu erkennen vermögen. Und die dann mit der nötigen Umsicht und klarem Verstand für die Risiken darangehen, zu überlegen, wie man sie allenfalls überschreiten könnte. Viele auch der Besten sind trotzdem daran gescheitert. Von Reinhold Messner, der wie wenige andere nicht nur einmal, sondern regelmäßig Grenzen im Alpinismus überschritten hat, kann man vor allem lernen, wie man Risiken vermeidet und nicht sucht, wenn sie tödlich sind, und wie man »within limits«, also innerhalb der Grenzen, bleibt. Seine wirkliche Stärke ist nicht Heldenmut, sondern nüchternes Kalkül und professionelle Vorbereitung.

Erlebnis oder Ergebnis?

In den letzten Jahren ist es Mode geworden, beeindruckende Bilder von Extremsituationen im Alpinismus in der Werbung und Selbstdarstellung einzusetzen – bezeichnenderweise von Wirtschaftsprüfungsfirmen, Beratungsorganisationen, im Investmentbanking und in der New Economy –, dort, wo die Scherbenhaufen der »Bubble-Economy« am größten sind.

Extremes Felsklettern, gefrorene Wasserfälle und Motive aus dem Höhenbergsteigen sind gut für die Aufmerksamkeit – »beyond the limits« … Da ich selbst ein Leben lang diesen Sport mit den höheren Schwierigkeiten betreibe, bin ich der Sache nachgegangen: So habe ich keinen einzigen Manager einer solchen Organisation kennen gelernt, der auch nur näherungsweise an die Sujets der selbstdarstellerischen Werbung herangekommen wäre. Die Besteigung des »Chimborazo«, mit der sich manche Manager(-Berater) ganz »zufällig« immer vor den Kameras des Prominenten-Boulevards brüsten, die man mit Sicherheit nur dort findet, wo man mit dem Auto hinkommt, sind wohl »beyond the limits«, aber an Peinlichkeit, nicht an Leistung.

Es gibt unter Führungskräften ausgezeichnete Sportler, auch in den Extremsportarten – Hochseesegeln, Extrem- und Höhenbergsteigen, Pol- und Wüstenexpeditionen –, aber man findet sie nicht in jenen Firmen, die blufferisch mit solchen Motiven Eindruck zu machen versuchen.

Man darf sich gelegentlich durchaus herausgefordert fühlen, solange man das nicht mit fachlicher Inkompetenz verwechselt. Zwar bin ich für das Erkunden von Leistungsgrenzen und für ihre Überwindung. Ich empfehle aber Skepsis und genaue Prüfung, wenn Manager besonders betont von »Challenges« reden, die sie brauchen und suchen. Einzuwenden ist auch nichts gegen Herausforderungen, denen man sich stellt, und Erlebnisse, die man sucht: privat, bei Extremsportarten, auf der Rennpiste, im Biwak.

Unternehmen aber brauchen keine Erlebnisse, sondern Ergebnisse. Sie sind nicht dazu da, für Adrenalinstöße und feuchte Hände ihrer Manager zu sorgen. Sie sind dazu da, aus den Stärken ihrer Mitarbeiter Nutzen für ihre Kunden zu schaffen.

Vertrauen

Das Wort »Vertrauen« als solches ist nicht gefährlich. Es ist aber mit zwei Gefahren verbunden. Die erste ist, dass man die Bedeutung von Vertrauen übersieht, weil man auf Motivation fixiert ist. Die zweite ist, dass man aus Vertrauen ein emotionales Problem macht.

Wie ich mehrfach sagte, wird die Managementausbildung von wenigen Themen, darunter Motivation und Führungsstil, dominiert. Darum wird die Bedeutung von Vertrauen übersehen.

Sie springt sofort ins Auge, wenn man sich mit einem oft anzutreffenden, scheinbaren Paradoxon befasst: Es gibt Führungskräfte, die – wenn man das Lehrbuch als Maßstab nimmt – alles falsch machen und trotzdem eine ausgezeichnete Situation in ihren Firmen und Führungsbereichen haben, ein gutes Klima und leistungsorientierte Mitarbeiter. Und es gibt andere, die alles richtig, alles gemäß herrschender Lehre und Managementseminar tun, die Führungsstilempfehlungen und Motivationslehren kennen und beherzigen und dennoch das Gegenteil erreichen: eine schlechte Stimmung in ihren Verantwortungsbereichen, frustrierte Mitarbeiter und eine leistungsfeindliche Unternehmenskultur. Wie ist das zu erklären?

Wenn man der Sache auf den Grund geht, stellt sich fast immer heraus, dass die wesentlichen Aspekte nicht Motivation und Führungsstil, auch nicht emotionale Intelligenz sind, sondern die Frage, ob die Leute ihrem Chef vertrauen. Wenn ein Manager das Vertrauen seiner Umgebung, seiner Mitarbeiter, Kollegen und Vorgesetzten, zu gewinnen und zu erhalten verstanden hat, spielen alle anderen Dinge eine vergleichsweise unbedeutende Rolle. Er hat nämlich etwas geschaffen, was man eine robuste Führungssituation nennen kann – robust gegen die vielen Führungs-, Verhaltens- und Motivationsfehler, die täglich passieren.

Nicht, dass man sie entschuldigen oder gar rechtfertigen dürfte; aber sie unterlaufen auch den besten Managern, ohne dass sie es wollen, und meistens sogar, ohne dass sie es merken. Manager sind nicht so sensitiv, wie viele Psychologen sie gerne hätten.

Die Frage ist somit nicht, ob Führungsfehler passieren oder nicht; die Frage ist, wie schwer sie wiegen. Organisationen müssen ein erhebliches Maß an »Dickfelligkeit« haben, wenn sie funktionieren sollen. In Unternehmen, und besonders in gut geführten, ist man nicht besonders empfindlich. Man hat wenig Zeit und im Grunde auch wenig Verständnis für übertriebene Sensibilitäten. Wenn alles, was passiert, ständig auf die »Goldwaage« gelegt, und wenn alles, was gesagt oder auch nicht gesagt wurde, ständig hinterfragt wird, dann hat man in einem Unternehmen keine ökonomische Veranstaltung mehr, dann ist sie eher eine psychiatrische Anstalt...

Ohne ein Minimum an gegenseitigem Vertrauen geht in einer Organisation nichts. Die Logik der Situation ist ebenso einfach wie zwingend: Wenn und solange Vertrauen gegeben ist, braucht man sich über Motivation, Betriebsklima und Unternehmenskultur keine übermäßigen Sorgen zu machen. Ich will natürlich nicht davon abraten, sich darum zu kümmern. Viel wichtiger hingegen ist: Fehlt es an Vertrauen, dann bleiben alle diesbezüglichen

Maßnahmen wirkungslos – ja, schlimmer, sie verkehren sich ins Gegenteil. Motivationsbemühungen und Unternehmenskulturprogramme werden dann häufig als besonders raffinierte Formen der Manipulation und letzten Endes als ausgesprochener Zynismus verstanden.

Im Lichte der Bedeutung, die Vertrauen hat, ist es bemerkenswert, dass es zwar Hunderte von Untersuchungen, Schriften und Büchern über Motivation und Führungsstil gibt, aber fast nichts über Vertrauen. Es ist von der Wissenschaft schlicht übersehen worden; und die Praxis hat es jahrzehntelang geduldet, dass (leicht als solche erkennbare) Irrlehren in der Ausbildung verbreitet wurden.

Vertrauen ist die Grundlage jeder vernünftigen, menschengerechten, vor allem funktionierenden Form von Führung. Es sind keine besonderen Fähigkeiten und Begabungen erforderlich und schon gar keine hochgestochenen Theorien, wie sie heute für alles und jedes zeitgeistkonform bemüht werden.

Zur zweiten Gefahr: Vertrauen und auch dessen Gegenteil, Misstrauen, sind entgegen allgemeiner Meinung keine emotionalen Phänomene, obwohl in der Regel mit beiden gewisse Gefühlslagen verbunden sind. Es ist auch unnötig, sofort von Vertrauenskultur zu sprechen, wie das so oft reflexartig getan wird.

Als ich Mitte der 1980er Jahre das Thema in meine Seminare aufnahm, gab es im Zusammenhang mit Management außer der Untersuchung von Dale Zand nichts.

Vertrauen beruht nicht auf bestimmten Gefühlslagen. Es entsteht aus konsistentem Verhalten, Verlässlichkeit und dem, was man als charakterliche Integrität zu bezeichnen pflegt. Das ist zwar ein großer Begriff, was sich aber letztlich dahinter verbirgt, ist etwas Einfaches, und etwas, das im Prinzip jede Führungskraft leisten kann: Meinen, was man sagt, und auch entsprechend handeln, sowie halten, was man verspricht.

Zwei weit verbreiteten Missverständnissen sei vorgebeugt: Man beachte, dass zu meinen, was man sagt, nicht bedeutet, alles zu sagen, was man meint. Das wäre in der Wirklichkeit unserer Organisationen naiv. Als Führungskraft wird man sich zu überlegen haben, was man sagt, vor wem und wann. Wenn man sich aber entschließt, etwas zu sagen, dann muss es so gemeint sein. Und man beachte zweitens, dass das nicht heißt, dass man seine Meinung nicht mehr ändern darf. Man darf, und es wird sogar öfter der Fall sein müssen als früher, weil sich die Lage in jeder Organisation heute rascher verändert als vielleicht je zuvor. Man muss nur sagen, dass man seine Meinung geändert hat, und wenn man gut führen will, begründet man seine Meinungsänderung auch.

Aus dem Gesagten folgt nicht, dass Vertrauen an die Stelle von Motivation tritt oder dass Vertrauen dasselbe ist wie Motivation. Die Sache liegt anders: Natürlich ist es umso besser, wenn zum Vertrauen zusätzlich noch Motivation tritt. In aller Regel ist es unter dieser Bedingung kein Problem, die Leute zu motivieren.

Die Bedeutung der obigen Beobachtung zeigt sich im negativen Falle dann, wenn kein Vertrauen gegeben ist: Unter diesen Umständen ist es nämlich vergeblich, motivieren zu wollen. Jegliche Motivationsversuche verpuffen wirkungslos, wenn nicht ein Minimum an Vertrauen gegeben ist, und, wie erwähnt, nicht selten verkehren sie sich ins Gegenteil.

Vertrauen ersetzt nicht Motivation. Vertrauen wirkt als Katalysator. Motivation kann überhaupt erst wirken, wenn Vertrauen gegeben ist. Aus genau diesem Grunde sind so viele wohlgemeinte und fachlich durchaus kompetent angelegte Motivationsprogramme zum Erstaunen der Initiatoren wirkungslos oder gar schädlich.

Motivationsprogramme werden in der Regel dann gestartet, wenn es in einem Unternehmen aus Gründen des Leistungsabfalls als nötig erachtet wird, oder um die Menschen zu noch mehr Leistung zu bringen.

Motivation

»Motivation« ist das zentrale Thema der Managementausbildung der letzten 40 bis 50 Jahre. Fragt man Führungskräfte nach ihrer wichtigsten Aufgabe, kommt sofort und ohne Zögern die Antwort: die Motivierung der Mitarbeiter. Kein anderes Thema hat eine stärkere Beachtung in den Sozialwissenschaften gefunden und über keines wurden so viele Untersuchungen gemacht.

Im Vergleich dazu ist der Kenntnisstand der Praktiker erstaunlich gering. Wenn man ihnen auf den Zahn fühlt, erweist sich das Wissen der meisten Manager über Motivation als fragmentarisch. Sie haben keine klaren Vorstellungen über den Begriff der Motivation, und nur wenige haben Kenntnisse über die verschiedenen Theorien. Nur eine Minderheit weiß, was wirklich zu tun ist, wenn man Menschen motivieren will.

So ist mein Vorschlag, über die üblichen Auffassungen von Motivation hinauszugehen. Insbesondere schlage ich vor, sich von der Vorstellung zu trennen, dass es immer jemand anderen, jemand Dritten, einen Chef oder sonst jemanden geben werde, der einen motiviert.

Selbst wenn man akzeptieren will, dass das eine brauchbare Vorstellung für gewöhnliche Leute sein könnte, für Führungskräfte ist sie gewiss nicht brauchbar. Wer Führungskraft sein will, wem gar der Gedanke durch den Kopf geht, eines Tages ein »Leader«

zu sein, der muss einen weiteren Schritt machen: von der Motivation zur Selbstmotivation. Wer darauf wartet, von anderen motiviert zu werden, wird es nie zu etwas bringen. Er ist abhängig, er bleibt ein Leben lang ein Geführter. Im Grunde ist er ein Dienstbote, auch wenn er durch Zufall, glückliche Umstände oder falsche Personalentscheidungen in höhere Positionen kommen sollte.

Wer auf die Motivation durch Dritte wartet, wird immer wieder herbe Enttäuschungen erleben, denn es wird nicht ständig jemand anderen geben, der ihn motiviert. Daher ist mein Vorschlag, ganz im Widerspruch zur gängigen Vorstellung über Motivation: »Mache dich innerlich unabhängig von der Motivation durch andere! Lerne, dich selbst zu motivieren!« Menschen sind viel stärker und autonomer, als weit verbreitete Pseudo-Psychologie es wahrnehmen kann und wahrhaben will.

Lob

Einer der stärksten Motivatoren ist Lob. Das muss nicht lange erklärt werden und findet breite Zustimmung. Genau darin liegt auch die Gefahr des Missbrauchs von Lob. Lob motiviert nur dann, wenn es Gewicht hat und wenn es von jemandem kommt, den man respektiert.

Daher halte ich es für falsch, täglich zu loben, wie es eine gewisse, stark amerikanisch beeinflusste Pädagogik fordert und wie es in populären Motivations- und Erfolgsbüchern steht. Lob ist nicht nur der stärkste Motivator, sondern auch jener, der sich am schnellsten abnutzt, wenn er falsch eingesetzt wird.

Nicht alle, aber doch viele Menschen haben ein feines Gespür dafür, ob sie zu Recht oder zu Unrecht gelobt werden. Sie wissen, dass sie nicht jeden Tag lobenswerte Leistungen erbringen, und sie wissen auch, dass die Normalleistung keines besonderen Lobes bedarf. Das Gespür dafür ist schon bei Schulkindern festzustellen.

Setzt ein Vorgesetzter Lob nach der Manier so genannter moderner Pädagogik oder nach den Vorschlägen der Erfolgsrezeptbücher ein, empfinden diese Menschen es daher als manipulativ, beinahe sogar als Dressurmittel. Kaum etwas ist entwürdigender, als Gegenstand von Konditionierung zu sein.

Es gibt daher nur eine richtige Maxime: Sei sparsam mit Lob! Und lobe nicht für Selbstverständlichkeiten!

Für die gewöhnliche Leistung, für jene, für die man sich in einem Arbeitsvertrag verpflichtet hat und für die man bezahlt wird, erwarten die Menschen im Allgemeinen kein Lob. Dass man ein positives Wort gelegentlich dennoch gerne hört, sei zugegeben. Kein normaler Mensch aber wird wegen des Ausbleibens eines solchen netten Wortes ein Problem haben. Lob ist angebracht und nötig für die wirklich besondere Leistung, für das, was Menschen über ihre Verpflichtungen hinaus tun, und für den besonderen Erfolg.

Allerdings gibt es auch andere Menschen; solche, die tatsächlich jeden Tag Lob brauchen, denen das Gespür dafür fehlt, ob sie besondere Anerkennung verdient haben oder nicht. Diese dürfen aber nicht der Maßstab für das Loben sein, sie bedeuten vielmehr ein ernsthaftes Problem für jede Organisation. Sie machen Führung und Leistung letztlich unmöglich, sie belasten das Betriebsklima, sie sind ein Problem für alle anderen Leute, vor allem ein Problem im Zusammenhang mit gerechter Behandlung von Menschen. Im Grunde sind sie eine ständige personifizierte Forderung nach privilegierter Behandlung. Das kann auf Dauer keine Organisation aushalten. Daher sollte man sich an solchen Mitarbeitern nicht orientieren.

Das stärkste Motivationsmittel nutzt in kürzester Zeit ab und führt im Kern zu einer infantilisierten Organisation.

Leistungsgrenzen

Was kann der Mensch leisten? Wo sind seine Grenzen? Bis heute ist die Frage unbeantwortet, und vielleicht werden wir es nie wissen. Die Geschichte aber ist ein einziger Beweis dafür, dass Menschen wesentlich mehr leisten können, als zu jeder Zeit vermutet wurde. Die Grenzen sind nie dort, wo man sie vorschnell und oft nur zu gerne für sich gelten lässt.

Allerdings macht es die Art, wie Menschen erzogen, geformt und gebildet werden, schwer, nach dieser Einsicht zu leben.

Zum Teil wurden und werden Menschen absichtsvoll künstliche Grenzen gesetzt – im Interesse der Erhaltung des jeweiligen Status quo, von Macht- und Besitzverhältnissen. Zu einem anderen Teil resultieren Grenzen aus ideologischer Leistungsfeindlichkeit, aus Gleichmacherei und vor allem aus einer als Menschlichkeit kaschierten Wehleidigkeit.

Dass Menschen trotzdem und gegen alle Hindernisse Grenzen überschritten haben, darf umso optimistischer für ihr Leistungsvermögen stimmen.

Doch in jenem Bereich, dem historisch die Pionierfunktion für Leistung und Leistungsorientierung zufiel – der Wirtschaft –, werden heute eher Grenzen aufgerichtet als eingerissen. Man tut das nicht mit Absicht, wohl eher, weil ein paar Grundwahrheiten nicht mehr verstanden werden. Sie sind einem modischen, nur scheinbaren Humanismus in der Aus- und Weiterbildung zum Opfer gefallen. Künstliche und völlig unnötige Grenzen resultieren erstens aus der Motivationslehre. Grenzen werden zweitens gesetzt durch die meisten Versuche in der Persönlichkeitsentwicklung, die fast immer genau am falschen Punkt ansetzen, nämlich der Beseitigung von Schwächen.

Eine erste Verdeutlichung will ich am Beispiel der Motivationslehre vornehmen, vor allem daran, was in der Managementaus- und in der Managementweiterbildung daraus gemacht wird. Es ist zur allgemeinen, praktisch nicht mehr hinterfragten Gewissheit geworden, dass Menschen nur dann arbeiten und leisten, wenn sie motiviert sind. Daraus leitet sich für viele ab, dass nur dann gearbeitet und geleistet werden soll, wenn man motiviert ist. Der nächste Schritt ist nur folgerichtig: Es entsteht ein Anspruch darauf, motiviert zu werden. Bevor dieser nicht erfüllt ist, leistet man eben nicht: »Heute bin ich gar nicht gut drauf; motivier mich mal schön, lieber Chef...«

Vielleicht hat man vergessen, wann und wo die Befassung mit Motivationsfragen begonnen hat – nämlich erst in den Fünfzigerjahren des 20. Jahrhunderts, und zwar in den USA. Kaum jemand scheint zu fragen, wie es zuvor und in anderen Teilen der Welt war. Vorher und außerhalb des wohlhabenden Amerikas konnte sich niemand den Luxus leisten, über Motivation nachzudenken. Es gab nicht einmal das Wort, und eben deshalb gab es auch das Problem nicht. Die Quellen von Arbeit und Leistung waren bestimmte Werthaltungen, vor allem war es die schiere Notwendigkeit.

Nicht weil es angenehm war zu arbeiten, haben die Menschen es getan, sondern weil sie mussten und weil sie es für ihre Pflicht hielten. Die Notwendigkeiten sind heute auch in den entwickelten Ländern noch nicht ganz verschwunden, wohl aber geringer geworden und in erheblichem Umfange durch die Sozialsysteme ersetzt worden. Das mag man begrüßen. Pflicht und Pflichtbewusstsein sind damit leider auch abhanden gekommen. Man darf sicher sein, als ewiggestrig abgetan zu werden, wenn man an Pflichterfüllung appelliert.

Wer nur noch aktiv wird, wenn er Lust dazu verspürt und wenn es ihm angenehm ist – er also motiviert ist –, wird wenig Impuls verspüren, Grenzen auch dann noch zu erkunden oder gar zu überschreiten, wenn die Motivation zu Ende ist. Grenzen auszuloten ist fast ausnahmslos mühsam, es ist mit Anstrengung verbunden, manchmal mit jenem übermenschlich erscheinenden letzten Einsatz, der eben beweist und immer wieder bewiesen hat, dass der Mensch mehr kann, als ihm andere, und er sich selbst, zutrauen.

Am eindrücklichsten zeigt sich dies in Krisen-, Not- und Kriegszeiten. Es ist unglaublich, was Menschen in solchen Situationen zu leisten und zu ertragen imstande waren und noch immer sind. Zahlreiche weitere Beispiele findet man, wenn man interessiert ist und sich den Blick nicht von psychologischen Wehleidigkeiten der Motivationslehren verstellen lässt, immer und überall: in Wissenschaft und Kunst, Wirtschaft und Politik, in Krankenhäusern und Familien, Schulen und Kirchen.

Das Überschreiten von scheinbaren Grenzen findet dort statt, wo Menschen sich nicht fragen, ob sie motiviert sind und Lustgewinn erwarten dürfen, sondern wo sie sich aufgerufen fühlen, eine Aufgabe zu erfüllen, eine Situation zu meistern und eine Pflicht zu tun. Nichts könnte in solchen Situationen lächerlicher, bedeutungsloser und zynischer sein als die Frage nach Motivation und Lustgewinn.

Dieser Gedanke gilt heute als altmodisch, nachdem Motivationslehren in so vielen Köpfen verankert sind. Man braucht aber nicht viel Analyse, um festzustellen, dass eine Gesellschaft überhaupt nicht funktionieren könnte, wenn jeder nur das täte, wofür er motiviert ist. Statt Motivationslehren zu verbreiten, die bei genauerem Hinsehen sinnlos erscheinen, sollte man die Menschen vielleicht dazu ermutigen, gar nicht auf ihre Motivation zu achten, sondern ihre Fähigkeiten und ihre Kraft in vollem Umfange einzusetzen.

Ein zweites Beispiel für unnötige Grenzen und die Entmutigung der Menschen, sie zu erkunden, ist im weitesten Sinne das, was im Management unter Persönlichkeitsentwicklung verstanden wird. Sie baut überwiegend auf der Identifikation von Schwächen auf und dem Bemühen, diese zu beseitigen.

Wir verfügen heute über die raffiniertesten Methoden zum Erkennen von Schwächen und Defiziten. Sie sind aus Personalwesen und Weiterbildung kaum wegzudenken. Gerade deshalb scheint man zu übersehen, dass Menschen niemals durch die Beseitigung von Schwächen erfolgreich werden können, sondern ausschließlich dadurch, dass sie ihre schon vorhandenen Stärken weiterentwickeln und voll nutzen.

Die fehlgeleitete, aber weithin vorhandene und scheinbar humane Philosophie der Schwächenbeseitigung ist einer Weiterentwicklung nicht förderlich. In Wahrheit wird den Menschen damit nicht nur nicht geholfen, sie werden im Gegenteil behindert. Man beschneidet dadurch ihre Möglichkeiten, ihre Grenzen überhaupt zu entdecken, von Überschreiten ganz zu schweigen. Wer seine Schwächen, oft mit übermenschlichen Anstrengungen, beseitigt, erreicht damit selten mehr als Mittelmaß. Er kommt, meistens physisch oder psychisch erschöpft, dort an, wo jene, die diese Schwächen nicht hatten, mühelos gestartet sind. Der Aufwand ist gigantisch, das Ergebnis kläglich.

Alle großen Leistungen – im Sport, in Kunst und Wissenschaft, in Wirtschaft und Politik – sind das Ergebnis der kompromisslosen Nutzung von Stärken, die man schon hat. Sie sind von Menschen erbracht worden, die von anderen oder durch sich selbst ermutigt wurden, nicht auf ihre Schwächen zu achten und sich mit deren Beseitigung abzuquälen, sondern »mit den Talenten zu wuchern«, die ihnen mitgegeben waren.

Burn-out

Regelmäßig wird in den Medien ausführlich über das Burn-out-Syndrom bei Managern berichtet. Die Diagnose ist rasch gestellt, und an Therapievorschlägen herrscht kein Mangel. Bemerkenswert ist, dass unter all dem Interessanten das Richtige fehlt. Kann es sein, dass den zumeist sehr jungen Journalisten, die sich mit dem Thema befassen, fast jeder Bezug zur Praxis fehlt? Ist es denkbar, dass sie die falsche Methode anwenden, nämlich zu fragen, statt zu schauen? Kann es sein, dass sie noch dazu die falschen Leute für ihre Betrachtungen heranziehen, nämlich die Amateure unter den Managern, die meistens genau deshalb versagen, weil sie keinen Professionalismus entwickeln und als Ausrede dafür allen Modeerscheinungen nachlaufen?

Man liest von den Qualen der Manager und davon, dass ihnen die Angst die Seele aufesse ... Umfänglich wird zum soundsovielten Male das Phänomen Stress beschrieben, mit all seinen physischen und psychischen Folgen; zum soundsovielten Male auch einseitig, nämlich nur der negative, der Dystress, während der positive Eustress kaum erwähnt wird. Reichlich Psychologen, Psychoanalytiker und Psychotherapeuten kommen zu Wort, großartig in ihrem Fach ... und ein Beispiel dafür, dass die Beschränkung auf selbiges weise wäre.

Interessant, manchmal spannend, sind die Vorschläge, die gemacht werden; alle Varianten von Regenerationspaketen: Relaxing, Wellness, Massagen, Moorbäder und Brennnesselaufgüsse, Tiefatmung und Loslassen, Coaching und Empowerment, Zuhören-Lernen und Empathie, Networking, Recreation und neueren Datums Emotionale Intelligenz und Charisma-Training... Faszinierend – und fast immer wirkungslos.

Warum werden nur die einfachen Dinge nicht genannt? Jene, die nachweislich funktionieren? Wie wäre es zur Abwechslung mit folgenden vier Vorschlägen: Professionalität in der Erfüllung der Aufgaben als Ergebnis einer guten Managementausbildung, eine solide persönliche Arbeitsmethodik, ein einigermaßen intaktes Privatleben und regelmäßiger Sport?

In fast 30 Jahren Umgang und Arbeit mit Managern aller Führungsstufen habe ich niemanden kennen gelernt, der Stress gehabt hätte, wenn diese vier Faktoren gegeben waren. Viele, aber längst nicht alle Manager haben hart zu arbeiten, manchmal und über gewisse Zeiten auch zu viel; sie sind gelegentlich in Schwierigkeiten, und manchmal mag es eine Krise sein. Sie haben Sorgen, fühlen sich nicht immer sicher mit dem, was sie entscheiden; sie sind nicht jeden Tag »gut drauf« und abends oftmals müde... Was ist daran so außergewöhnlich? Geht es anderen Menschen besser? Sind alleinerziehende Mütter, Chirurgen, Bergbauern, Studenten vor dem Examen, Kellner, Verkäuferinnen, Kriminalbeamte und Lastwagenfahrer besser dran?

Die guten Manager reden nicht über sich selbst, sie beklagen sich nicht und sie gehen mit ihren Empfindungen nicht an die Öffentlichkeit. Sie konzentrieren sich auf ihre Aufgaben. Sie arbeiten unermüdlich an der Perfektionierung ihrer persönlichen Arbeitsmethodik. Sie haben die Erfahrung gemacht, dass man ständig besser werden und dass das Freude bereiten kann. Sie wissen, dass es keine Grenzen gibt für Effektivität und Effizienz – außer die selbstgesetzten im Kopf. Statt übertriebener Sensibilität für Emotionen sind sie sensibel für ihre Zeit und deren Verwendung. Sie orientieren sich am Inhalt, nicht an der Verpackung; am Sein, nicht am Schein. Sie verschwenden keine Zeit für »Showmanship«, sondern kultivieren »Craftsmanship«; sie sind nicht an Ritualen, sondern an Resultaten, nicht an Input, sondern an Output interessiert. Und vor allem: Sie haben ihre Geschäfte unter Kontrolle, sie setzen Prioritäten und sie führen die Dinge zu Ende.

Dann sind sie abends zwar müde, aber Burn-out haben sie nicht. Effektivität des Arbeitens, Zeitökonomie und Finalisierung der Aufgaben sind ihre Rezepte, damit sie zwar nicht an jedem, aber doch an gar nicht so wenigen Wochenenden Zeit für sich selbst, für ihre Familie und Freunde und für die schönen Dinge im Leben haben können. Interviews über Stress geben sie aus zwei Gründen nicht: weil sie ihn nicht haben und weil sie ihre Zeit nicht verschwenden wollen...

Identifikation

In zahlreichen Unternehmen wird von den Mitarbeitern verlangt, dass sie sich identifizieren sollen: mit der Firma, mit den Produkten, mit ihrer Arbeit, mit der Vision des Unternehmens. Das klingt plausibel. In weiten Kreisen gilt es als Ausdruck einer besonders zeitgemäßen Unternehmenskultur.

Das halte ich für falsch und bin der Meinung, dass Identifikation weder nötig noch wünschenswert ist. Diese gegen die Mode stehende Meinung schafft Gegnerschaft; ich glaube, gute Gründe für diese Auffassung zu haben.

Psychologischer Fachausdruck oder schlampige Sprache?

Wird das Thema intensiv genug diskutiert, stellt sich häufig heraus, dass zum Glück gar nicht Identifikation im Sinne des psychologischen Fachbegriffes gemeint ist. Man meint mit diesem Ausdruck vielmehr, dass die Mitarbeiter das Unternehmen, seine Tätigkeit und seine Produkte akzeptieren und sich dafür engagieren sollen.

Damit bin ich einverstanden. In der Tat muss man das erwarten können und dann folgerichtig viel dafür tun, dass die Mitarbeiter dazu auch imstande sind.

Haben wir hier also kein wirkliches Problem, sondern lediglich einen schlampigen oder unüberlegten Umgang mit der Sprache? Solange das keinen Schaden anrichtet, kann man damit leben. Meint man hingegen mit »Identifikation« wirklich etwas, was zumindest in der Nähe des psychologischen Fachausdruckes liegt, dann bewegt man sich auf einem gefährlichen Pfad.

Im psychologischen Sinne bedeutet Identifikation: »Emotionales Sichgleichsetzen mit einer anderen Person oder Gruppe und Übernahme ihrer Motive und Ideale in das eigene Ich«.[3] Will man das? Darf und soll man das wollen?

Was bedeutet es vor diesem Hintergrund, wenn zum Beispiel gefordert wird, man solle sich mit den Produkten eines Unternehmens identifizieren? 90 Prozent unseres Sozialproduktes bestehen aus banalen Dingen: Nahrungsmittel, Getränke, Bekleidung, Unterhaltungselektronik, Gaspedale, Schlauchklemmen. Wie krank muss ein Mensch sein, um sich im strengen Sinne der Psychologie mit Mineralwasser, Streichkäse, Leberwurst, Kreditkarten oder MP3-Playern identifizieren zu können?

Genügt es nicht, dass eine Person als Mitarbeiter das Produkt akzeptiert und sich für dessen Entwicklung, den Absatz oder die Vermarktung engagiert? Die Mitarbeiter müssen, so viel ist einzuräumen, vom Produkt überzeugt sein, um es glaubhaft verkaufen zu können. Überzeugt sein von einer Sache bedeutet aber etwas ganz anderes, als sich damit zu identifizieren.

Pubertäre Symptome

Wann identifizieren sich die Menschen mit etwas oder mit jemandem? Ich weiß nicht, wie es dem Leser gegangen ist; ich selbst habe mich – als ich zwischen 12 und 16 war – mit den Idolen meiner Zeit identifiziert: mit den Pionieren der Rockmusik, mit James Dean, John F. Kennedy, Fritz Walter und als leidenschaftlicher Skifahrer mit den Rennläufern. Ich hatte ihre Fotos in meinem Zimmer aufgehängt, und für ein Autogramm wäre ich um die Welt gegangen.

Die Jugendlichen von heute identifizieren sich mit den Idolen ihrer Zeit. Mit 16 ist das normal und gesund. Wenn sich Menschen mit 36 noch immer mit Idolen und Heroen identifizieren, lebensgroße Poster aufhängen und Autogramme sammeln, ist das bedenklich und möglicherweise pathologisch. Was in der Pubertät ein Symptom für normale Entwicklung ist, ist zehn oder zwanzig Jahre später das Gegenteil.

Kein Zusammenhang mit Leistung

Warum sollen die Menschen sich mit etwas im Unternehmen oder diesem selbst identifizieren? In der Literatur zu diesem Thema gibt es keinen überzeugenden Hinweis darauf, dass Identifikation mit besserer Leistung zu tun hat oder mit etwas, was für das Unternehmen wichtig wäre.[4]

Führungskräfte sollen Menschen zu einer für das Unternehmen wichtigen Leistung befähigen und sie dann diese Leistung möglichst ungestört erbringen lassen. Mehr ist nicht nötig. Wir bezahlen die Leistung und nicht den Grund, das Motiv oder die Gefühle, die mit dieser Leistung verbunden sind. Wir könnten das auch gar nicht tun, selbst wenn wir wollten, weil wir diese nicht kennen.

Dabei bestreite ich nicht, dass es Gründe und Motive gibt, die sich positiv auf die Leistung und ihre Qualität auswirken. Identifikation gehört nicht dazu. Viel wichtiger und in ihrer Wirkung auch nachhaltiger als der arg strapazierte Begriff »Identifikation« sind andere Begriffe wie Pflichtbewusstsein, Verantwortung, Einsatz, Gewissenhaftigkeit und Sorgfalt.

Am wichtigsten ist es, Menschen die Möglichkeit zu geben, in dem, was sie tun, einen Sinn zu sehen. Wie Viktor Frankl, der in Managerkreisen leider weit weniger bekannt ist als die Identifikationsapostel, immer wieder mit Nietzsche gesagt hat: »Wer ein Warum zu leben hat, erträgt fast jedes Wie...« Und er legt überzeugend dar, dass für Menschen, die kein Warum, keinen Sinn mehr sehen, auch ein noch so schönes Wie gleichgültig wird.

Die Anstrengungen der guten, der wirksamen Führungskräfte sind darauf gerichtet, dem Menschen eine Aufgabe zu geben, deren Sinn er klar und deutlich zu erkennen vermag – eine Aufgabe, die für ihn Sinn hat. Sinn (in der Bedeutung von Viktor Frankl) ist der entscheidende, nachhaltigste und wirksamste Motivator, und alles andere ist, daran gemessen, weit weniger wichtig.[5]

Verlust an Objektivität

Ein letzter und in Zusammenhang mit Führung der wichtigste Gedanke: Identifikation im Sinne der Psychologie ist in der Regel verbunden mit dem Verlust der Fähigkeit, kritisch zu denken und überlegt zu urteilen. Wer sich mit etwas oder mit jemandem identifiziert, verliert die Distanz zu seinem Identifikationsobjekt. Damit verliert er die wichtigste Voraussetzung für ein objektives Urteilsvermögen.

Gerade das sollten wir, auch wenn es schwierig ist, von Führungskräften verlangen: genügend Abstand, um klar denken und überlegt urteilen zu können. Letzte und absolute Objektivität gibt es nicht; aber wir können Bedingungen schaffen, die mehr oder weniger Objektivität ermöglichen.

Als Geschäftsführer möchte ich Kollegen und Mitarbeiter um mich haben, die in der Lage sind zu sagen: »Hier läuft nicht mehr alles richtig; wir müssen einiges ändern....«.

Wer sich identifiziert, kann das nicht. Er wird zum Ja-Sager; er ist als Mitarbeiter bequem und einfach zu führen, aber er ist keine Hilfe mehr. Er ist mit allem einverstanden und vielleicht sogar begeistert; aber er ist keine Führungskraft, und in Wahrheit ist er gefährlich.

Risikofreude

Die Risiken, die mit einer Entscheidung verbunden sind, muss man in jedem Falle genau kennen und ihrer Natur entsprechend richtig einschätzen.

Selten zuvor war der Ruf nach dem risikofreudigen Unternehmer und Manager lauter als in den letzten Jahren. Die initiative, kreative, visionäre, Risiken eingehende, dynamische Pionierpersönlichkeit schien vielen die treibende Kraft in eine neue Wirtschaft zu sein. Zurzeit gilt dieser Prototyp als Vorzugsrezept für ein scheinbar zurückfallendes Europa, um mit den USA und den wiedererwachenden asiatischen Ländern mitzuhalten. In den Großunternehmen wird, wenn schon nicht der Entrepreneur, so doch der Intrapreneur gefordert. Ganz besonders angesprochen sind Jungunternehmer.

Was ist es, was da gefordert wird? Sind Unternehmer und Führungskräfte wirklich risikofreudig? Und wenn ja, welche Unternehmer und Manager? Die guten oder die schlechten? Sind es jene, die schon bewiesen haben, dass sie zwei oder drei Krisen erfolgreich überstehen können, oder jene, die bei den ersten unvorhergesehenen Schwierigkeiten Konkurs machen oder zu Übernahmekandidaten werden? Der New-Economy-Unfug und die Ereignisse, die zu der momentanen Weltwirtschaftskrise führten, haben gezeigt, wie gering das Verständnis für das Phänomen Risiko ist.

Weniges hat mehr Schaden angerichtet als das Unverständnis für Risiken und der Ruf nach Risikofreude.

Gute Unternehmer haben ein ausgeprägt zwiespältiges Verhältnis zum Risiko. Sie wissen, dass es ohne Risiken keinen unternehmerischen Erfolg geben kann; sie wissen aber auch, dass es immer Risiken sind, die Unternehmen in den Untergang treiben. Sie haben daher gelernt, dass man klar zwischen verschiedenen Arten des Risikos[6] unterscheiden muss. Es gibt deren vier, die sorgfältig auseinanderzuhalten sind.

Da ist erstens das Risiko, das unvermeidlich mit allem Wirtschaften wesensgemäß immer verbunden ist. Das Leben selbst ist bekanntlich schon lebensgefährlich, und die Wirtschaft kennt keinen Mangel an Risiken. Sie sind weit größer, als die meisten Menschen sich vorzustellen vermögen, weil sie in unserer heutigen (Versorgungs-)Gesellschaft diesbezügliche Erfahrungen gar nicht machen können. In der Wirtschaft ist nichts gesichert. In jeder Silvesternacht werden draußen klammheimlich, gleichgültig wie gut der Jahresabschluss war, alle Register auf null gestellt, und der ganze Kampf beginnt von neuem.

Leute, die bilanzieren müssen, und vor allem jene, die mit eigenem Geld bilanzieren, wissen das. Niemand muss es ihnen sagen, und daher stehen sie dem Ruf nach größeren Risiken skeptisch gegenüber. Das hat nichts mit einem Mangel an unternehmerischem Mut zu tun, wie so viele »Wirtschaftszuschauer« meinen. Schon das gewöhnliche Risiko des Wirtschaftens ist groß genug: Es beinhaltet nämlich immer das Risiko des Bankrotts.

Die zweite Risikoart ist das über das erste hinausgehende, zusätzliche Risiko, das man sich leisten kann. Man kann es sich leisten, weil es einen nicht umbringt, wenn es schlagend wird. Dieses Risiko geht man ein – und die meisten Unternehmer brauchen dafür keine besondere Aufforderung. Wer hunderttausend im Jahr verdient und mit tausend auf die Spielbank geht, wird sein Geld wahrscheinlich verlieren, daran aber normalerweise nicht zugrunde gehen. In Wahrheit riskiert er natürlich nicht tausend, sondern zweitausend, denn er muss ja noch Steuern zahlen. Aber auch das kann er bei diesem Einkommen verschmerzen.

Das dritte Risiko ist jenes, wieder über das erste hinausgehende, das man sich definitiv nicht leisten kann: weil es einen umbringt, wenn der Risikofall eintritt, weil es einen in die Pleite treibt. Dieses Risiko darf man nicht eingehen, unter gar keinen Umständen, auch wenn die Gewinnchancen noch so groß sind und gleichgültig, was andere Leute fordern.

Hier helfen auch keine noch so raffinierten, manchmal als wissenschaftlich deklarierten Überlegungen und Berechnungen. Vor allem der Hinweis auf Wahrscheinlichkeiten hilft nichts. Die Frage, die man stellen muss, lautet nicht: Wie wahrscheinlich ist das Risiko? Die Frage muss lauten: In welcher Situation befinde ich mich, wenn es eintritt, gleichgültig wie gering die Wahrscheinlichkeit ist?

Das bedeutet nicht, dass man über ein solches Geschäft prinzipiell nicht nachdenkt. Aber statt sich den Kopf über Wahrscheinlichkeiten zu zerbrechen, überlegt man, wie man aus dem Risiko der dritten Art eines der zweiten machen kann: durch Vertragsgestaltung, gemeinsam mit Partnern oder indem man einen Dummen findet, der bereit ist, das Risiko zu übernehmen, wie manche Banken in den 1990er Jahren auf dem Immobiliensektor oder später bei Hedgefonds-Finanzierungen und im Venture-Capital-Sektor.

Schließlich gibt es noch eine vierte Risikoart. Es ist jenes Risiko, welches nicht einzugehen man sich nicht leisten kann. Es ist das Risiko, das man eingehen muss, weil man keine andere Wahl hat.

Dieses Risiko nennt man nicht unternehmerisches oder kalkuliertes Risiko. Man nennt es Schicksal, Ausweglosigkeit oder Tragik. Die griechischen Tragödien und Shakespeare-Dramen bauen auf dieser Form des Risikos auf. Das macht sie spannend, faszinierend und eben tragisch. Man schaut sie sich an – im Theater, aber nicht in der eigenen Firma. Diese letzte Art des Risikos ist meistens die Folge früherer Fehler und der Missachtung eherner Prinzipien des Managements und Wirtschaftens. Man hat früher einmal leichtfertig A, B und C gesagt und muss jetzt gezwungenermaßen X, Y und Z akzeptieren.

Zumindest diese vier Risikoarten sollte man unterscheiden – vor allem jene, die so laut nach dem risikofreudigen Unternehmer rufen, häufig aus einer völlig risikofreien Position heraus. Niemandem, außer den Konkursanwälten, nutzt eine Unternehmenspleite. Ohne Ausnahme werden dadurch Produktivkraft und Wohlstand vernichtet. Vor allem werden die Bereitschaft zu Engagement und die unternehmerische Motivation ruiniert, wenn junge Leute durch verführerische Slogans in die falschen Risikoarten gelockt werden.

Spaß

Soll Arbeit Spaß machen? Muss sie Spaß machen? Zumeist werden diese Fragen heute mit Ja beantwortet. Was denn sonst? So plausibel diese Antwort klingen mag, so problematisch ist sie, denn sie wird in der Regel nicht als Wunsch, sondern als Forderung und Anspruch verstanden.

Dieser Anspruch ist zu einer dominierenden Vorstellung im Management und Managementtraining geworden – mit desaströsen Auswirkungen. Dadurch sind Erwartungen entstanden, die kein Unternehmen auf Dauer erfüllen kann.

Unrealistische Erwartungen

Die Forderung nach Spaß gehört in jene Kategorie von Irrlehren, die eine vernünftige Motivation von Mitarbeitern unmöglich macht. Sie setzt einen Teufelskreis in Gang: Die von Führungskräften und Trainern produzierten Erwartungen werden enttäuscht, die Mitarbeiter sind frustriert. Darauf wird mit Motivationsprogrammen und »motivierendem« Verhalten geantwortet. Dies kann von den Betroffenen unter den gegebenen Umständen nur als ein Versuch der Manipulation verstanden werden und nicht selten als eine besonders raffinierte Form von Zynismus, weil die Arbeit selbst im Regelfall nicht verändert, der Anspruch auf Freude und Spaß daran aber immer noch aufrechterhalten wird.

Die Frustrationen werden dadurch nur größer, weil die Leute sich nun zusätzlich »verschaukelt« fühlen. Ein Ausweg aus diesem Teufelskreis ist nur möglich, wenn man den Mut zu einem neuen Realismus aufbringt und anfängt, die Dinge beim Namen zu nennen.

Mehr Differenzierung

Zuerst kann man sich vielleicht ins Bewusstsein bringen, dass das erste Mal in der Weltgeschichte die Forderung nach Spaß an der Arbeit erhoben wird. Das beseitigt sie nicht, könnte sie aber relativieren. Zweitens ist es nützlich, zwischen Spaß und Freude zu unterscheiden. Das ist nicht dasselbe, und nicht von ungefähr bietet die Sprache zwei verschiedene Begriffe.

Selbstverständlich soll man alles tun, um mit Arbeit verbundenes Leid zu beseitigen, wo immer das möglich ist. Die Fortschritte, die dabei in den wirtschaftlich entwickelten Ländern in den letzten 100 Jahren gemacht wurden, sind beachtlich. Sie bedeuten eine jener Revolutionen, deren Geschichte noch nicht geschrieben ist. Ebenso selbstverständlich hat man großen Fortschritt erzielt, wenn immer mehr Arbeiten gelegentlich auch Spaß oder Freude bereiten können.

Aber man muss unmissverständlich klarstellen, dass kein Job immer nur Freude machen kann und dass praktisch jede Arbeit Dinge mit sich bringt, die nie und niemandem Freude machen können. Jede anderslautende Behauptung ist naiv.

Selbst jene Tätigkeiten, von denen viele glauben, dass sie zu den idealen, spannenden und faszinierenden Berufen gehören, wie vielleicht Flugzeugpilot oder Orchesterdirigent, haben ihre langweiligen Seiten. Auch hier entsteht mit der Zeit ein erhebliches Maß an Routine und Mühsal.

Außerdem muss klar sein, dass auch jene Jobs getan werden müssen, die nicht nur beschwerliche Elemente aufweisen, sondern die als Ganzes niemandem und niemals Freude und Spaß machen. Es werden auch in Zukunft Toiletten zu putzen sein, man wird Müllmänner brauchen und es wird zahlreiche Hilfsarbeiten geben, die selbst jenen Leuten keinen Spaß machen, die auch mit niedrigen Maßstäben zufrieden sind oder es sein müssen. Was sollen diese mit der Maxime anfangen, dass Arbeit Spaß machen soll?

Ebenso fragwürdig muss die Vorstellung von Spaß für Menschen sein, deren Beruf sie täglich mit dem Elend der Welt konfrontiert: Flüchtlingshelfer, die nicht wirklich helfen können; Sozialarbeiter, die weder Drogensucht, Prostitution noch Obdachlosigkeit beseitigen können; Lehrer und Priester in den Slums der Großstädte; Ärzte und Schwestern, die auf den Intensivstationen einen nur zu oft aussichtslosen Einsatz leisten. Sie tun ihre Arbeit nicht wegen der Freude, sondern weil sie getan werden muss – auch wenn das für viele altmodisch klingt.

Arbeit oder Ergebnisse?

Die Forderung, dass Arbeit Freude und Spaß machen soll, führt nicht nur zu unlösbaren Motivationsproblemen. Sie hat noch eine zweite, negative Folge. Sie lenkt vom Wichtigsten ab, das mit Arbeit verbunden sein muss – nämlich von den Ergebnissen. Sie richtet die Aufmerksamkeit der Menschen auf die Arbeit als solche, statt sie auf die Resultate ihrer Arbeit auszurichten. Nicht die Arbeit ist wichtig, sondern die Leistung – nicht der Input, sondern der Output. Es ist daher wichtig, nicht nur über Arbeitslosigkeit zu reden, sondern auch über Leistungslosigkeit. Die Forderung, wenn man sie denn erheben will, würde besser lauten: Nicht die Arbeit soll Freude machen, sondern ihre Ergebnisse sollen Befriedigung hervorrufen. Das geht zwar nicht immer, aber manchmal ist es auch dann noch möglich, wenn die Arbeit definitiv keinen Spaß macht. Dann können immer noch die Resultate Freude bereiten, zumindest einen Anflug an Befriedigung verschaffen. Die Ergebnisse können mit berechtigtem Stolz verbunden sein, der auch bei Menschen, die niedrigste Hilfsarbeiten zu verrichten haben, zu jenem Minimum an Selbstrespekt führt, den jeder Mensch benötigt.

Wenn jemand eine Arbeit hat, die ihm Spaß oder Freude macht, dann kann man dazu nur gratulieren. Es ist ein Privileg in jeder Beziehung, und es ist eine Seltenheit. Würden nur noch jene Arbeiten getan, die Spaß machen, würde eine Gesellschaft innerhalb von zwölf Stunden stillstehen. Solange das im Wesentlichen so ist, sollte man Begriffe wie Pflicht und Pflichterfüllung nicht aus dem Wortschatz streichen, auch wenn sie nicht zeitgeistkonform sind.

Management-Irrtümer

Führungsstil

Es gibt kein Seminar, in dem nicht Fragen nach dem Führungsstil gestellt werden. Die Führungsstil-Problematik gehört zu den am meisten diskutierten Fragen der letzten Jahrzehnte. Auf kaum einem anderen Gebiet wurde so viel empirische Forschung betrieben, und es gibt kaum einen Manager, der sich mit diesem Thema nicht beschäftigt hätte. Es ist ein Standardthema jeder Führungsausbildung, weil es allen wichtig erscheint.

Im Gegensatz dazu halte ich es für weitgehend unwichtig, zumindest für viel weniger wichtig, als es üblicherweise gesehen wird. Für diese zur gängigen Meinung gänzlich konträre Auffassung habe ich zwei Gründe.

Keine Korrelationen

Erstens, es gibt keine Korrelation zwischen Stil und Ergebnissen. Man kann Korrelationen zwar im Laboratorium und im Seminar herstellen. Jeder Trainer kennt Übungen, mit denen man das erreichen kann. Sie sind Standard in der Seminarszene, und man kann mit ihnen Einsichten und Lerneffekte erzielen. Auf die wirtschaftliche Realität außerhalb des Seminarraums sind diese aber nicht übertragbar.

Jeder kennt Manager, die einen kooperativen Führungsstil pflegen und gleichzeitig ausgezeichnete Resultate vorlegen können. Dass dies eine optimale Situation darstellt, ist offensichtlich und braucht nicht weiter kommentiert zu werden. Andererseits gibt es Führungskräfte, die autoritär führen und schlechte Ergebnisse erzielen. Diese Situation ist auch klar: Sie ist untragbar; von solchen Leuten muss man sich trennen. Diese beiden Varianten geben keinen Anlass zu Diskussionen.

Doch ich kenne auch Leute, die sehr kooperativ führen, sehr angenehm und kultiviert sind – nur bringen sie leider keine Resultate. Und dann kenne ich Manager, die sehr direktiv und ziemlich strikt führen und daher landläufig als autoritär gelten. Sie können wiederum gute Ergebnisse vorweisen. Vor diese beiden Varianten gestellt, entscheide ich mich für den zweiten Typus.

Was zählt, sind die Ergebnisse und nicht der Stil. Management ist der Beruf der Wirksamkeit, und das heißt, des Erzielens von Resultaten. Wenn es auf kooperativem Wege geht, umso besser. Wenn nicht, müssen die Resultate höher gewichtet werden als der Stil.

Das einzusehen fällt Leuten ohne Praxis nicht leicht. Wer ein paar Jahre praktische Erfahrung hat, wird meistens zustimmen. Aber selbst dann ist es schwer, danach zu handeln. Es mangelt nicht an Einsicht, sondern an Zivilcourage, ein Dogma der Führungslehre kritisch zu hinterfragen und es möglicherweise über Bord zu werfen.

Wichtig sind Manieren

Mein zweites Argument ist: Stil ist nicht wichtig, sondern etwas anderes ist es, was in der Managementausbildung so gut wie nie zur Sprache kommt. Was wirklich wichtig ist, sind Manieren. Man kann es auch Anstand oder Kinderstube nennen. Opportunistische Trainer sagen mir, sobald ich das ausspreche, dass sie genau das mit Stil meinen. Stil und Manieren sind aber zwei ganz verschiedene Dinge.

Was gemeint ist, sind nicht hochgezüchtete Höflichkeitsrituale, sondern elementare Manieren. Es geht um schlichte Dinge, zum Beispiel darum, dass man gelegentlich »bitte« und »danke« sagt, auch zu seinen Mitarbeitern, auch zu den »niedrigsten« Untergebenen; dass man die Leute ausreden lässt, ihnen zuhört, vielleicht nicht lange, aber doch aufmerksam; dass man ihnen nicht ins Wort fällt, sie nicht anschreit, seine Launen nicht zeigt, egal, wie einem zumute ist, und seine Emotionen nicht an Mitarbeitern auslässt.

Es sind Dinge, die man von Kind auf lernt; und wenn man es als Führungskraft mit Leuten zu tun hat, bei denen das nicht so war, muss man es von ihnen am Arbeitsplatz eben verlangen und darf in dieser Beziehung keine Kompromisse machen. Rüpelhaftes Verhalten darf nicht geduldet werden.

Das alles hat mit Stil nichts zu tun, sondern mit Korrektheit. Als Führungskraft hat man sich seinen Mitarbeitern gegenüber jederzeit korrekt zu verhalten. Dasselbe gilt für Kollegen, wo es keineswegs selbstverständlich ist, und es gilt gegenüber Vorgesetzten, was normalerweise nicht betont zu werden braucht. Man kann einen Mangel an Korrektheit nicht mit Stil kompensieren. Wer es an Korrektheit fehlen lässt, mit seinen Mitarbeitern aber »kooperativ« umgehen will, wird eher als »Schleimer« und als Opportunist empfunden.

Keine Karriere für Flegel

Unter Alfred P. Sloan, dem Mann, der von 1920 bis 1956 an der Spitze von General Motors stand und die Firma zum lange Zeit weltgrößten und zu seiner Zeit profitabelsten Unternehmen machte, hat niemand Karriere gemacht, dem es an elementarem Anstand mangelte. Sloan selbst war in diesen Dingen außergewöhnlich korrekt. An Härte hat es ihm nicht gefehlt, wenn sie notwendig war. Und er brauchte sie, am Anfang gegen die Konkurrenzübermacht von Ford und um die schwierigen Zeiten zu überstehen.

Sloan war hochgeachtet und respektiert, nicht nur wegen seiner unternehmerischen Leistung, sondern weil er es nie an den Grundsätzen menschlichen Anstandes fehlen ließ. Das hat nichts mit dem zu tun, was man heute unter »Unternehmenskultur« zu verstehen pflegt. Eine Unternehmenskultur verdient nur dann diese Bezeichnung, wenn sie in diesem elementaren Anstand besteht bzw. auf diesem basiert.

In der Physik gibt es ein Naturgesetz, wonach, treffen sich feste Körper, Reibung entsteht. Organisationen sind Orte, wo sich feste Körper, nämlich Menschen, treffen – und daher entsteht »Reibung«. Es entstehen Konflikte. Manieren sind nicht der Treibstoff, nicht die Energie, die eine Organisation voranbringt. Aber sie sind der »Schmierstoff«, der die Reibung erträglich macht. Menschen sind eckig und kantig; und keine Organisation kann so gut sein, dass nicht Konflikte entstünden, genauso wenig, wie man einen Motor so konstruieren kann, dass es keine Reibung gibt.

Solange es an diesen Dingen fehlt, gibt es keinen Grund, in Konfliktmanagement auszubilden. In der Managementausbildung sollte man daher niemals das Thema Konfliktmanagement an den

Anfang stellen. Ziel und Richtschnur muss ein Managementverständnis sein, das Konflikte gar nicht erst entstehen lässt. Nicht Konflikte zu lösen ist die erste Aufgabe, sondern so mit den Menschen umzugehen, dass sie vermieden werden. Eine der wichtigsten Voraussetzungen dafür sind Manieren.

Man beachte, dass hier nicht von Protokoll und Etikette die Rede ist. Ob ein Manager eine den Regeln der hohen Diplomatie entsprechende Tischordnung machen und mit dem Hummer vorschriftsmäßig umgehen kann, ist sekundär. Protokoll und Etikette haben durchaus ihren Stellenwert, und je höher die Position ist, umso weniger kann man sie ignorieren. Selten aber sind sie wirklich entscheidend für die praktische Alltagsführung. Kinderstube und Anstand hingegen sind es. Sie sind unverzichtbare Grundlagen, ohne die es vernünftige Führung nicht geben wird, insbesondere nicht in jenen Bereichen, wo anspruchsvolle Kopfarbeit zu leisten ist. Sie sind viel billiger als jede Ausbildung in Führungsstil und Konfliktmanagement oder gar eine Reorganisation. Sie sind auch viel wirksamer. Und man kann sie schneller etablieren als alles andere.

Leadership

Eines der riskanten Wörter, das in jüngerer Zeit immer häufiger Verwendung findet, ist »Leadership«, und am gefährlichsten ist »Leader«. Die beiden Wörter sind gefährlich, weil damit zwar die besten Leistungen der Geschichte verbunden sind, aber auch die schlechtesten. Sie können zu leicht missbraucht werden.

Übersetzte man sie ins Deutsche, wäre das sofort zu sehen. Es sind die Wörter, die das 20. Jahrhundert zum blutigsten der Geschichte machten. Auch das 21. Jahrhundert hat nicht mit vorbildlicher Leadership begonnen, sondern mit ihrem Gegenteil. 50 Jahre Abstand zum größten Missbrauch der Begriffe Führer und Führerschaft können nicht ausreichen, um sie erneut widerspruchslos in die Diskussion zu bringen.

In einigen Zusammenhängen ist das Wort »Leadership« unbedenklich und kann kaum missverstanden werden, wie etwa in Zusammenhang mit Markt und Kosten: Market-Leadership (Marktführerschaft) und Cost-Leadership (Kostenführerschaft).

Bedenklich ist das Wort hingegen bereits im Zusammenhang mit falschen Übersetzungen, diesmal nicht, wie so häufig, vom Englischen ins Deutsche, sondern umgekehrt, als Folge der Einführung von Englisch als Verkehrssprache in vielen Unternehmen.

Für das deutsche Wort »Führung« würde im Kontext von Unternehmensführung im Englischen kaum das Wort »Leadership« verwendet. Die korrekte Übersetzung ist fast immer »Management«. Für das Wort »Führungskraft« würde im Englischen »Manager« gesagt und neuerdings auch öfter »Executive«, besonders für höhere organisatorische Ränge. Ebenfalls in Frage käme in bestimmten Zusammenhängen »Head of ...«, aber niemals »Leader«.

Die Gefährlichkeit des Wortes »Leadership« zeigt sich in zwei Fällen, die sich zu häufen begonnen haben. Erstens, wenn es in einem bestimmten Vergleichskontext mit Management verwendet wird, und zweitens, wenn damit der Ruf nach einem bestimmten Persönlichkeitstypus verbunden ist.

In der aktuellen Literatur ist bei den meisten Autoren, die sich mit Leadership befassen, die ausgeprägte Tendenz zu beobachten, Management und Leadership in einen krassen Gegensatz zu stellen. Um die Bedeutung von Leadership möglichst groß zu machen, machen sie jene von Management möglichst klein.

Demnach wären Manager bloße Verwalter, Operateure und Exekutoren, die an den gegebenen Zuständen kleben, gegenwartsorientiert sind, mit Regeln und Kontrollen arbeiten – im Kern also Bürokraten sind –, während die Leader als Innovatoren, begeisternde Visionäre und Pioniere gesehen werden.

So meint zum Beispiel der Ausbildungsleiter einer der größten Banken: »Leadership schafft den eigentlichen Wandel, während das Management nur kleine Veränderungen initiiert.«

Und ein anderer unterscheidet den »transformierenden Leader« vom Manager unter anderem durch folgende Zuschreibungen:

Leader	Manager
weit	eng
tief	oberflächlich
experimentell	mechanisch

aktiv	reagierend
langfristig	kurzfristig
flexibel	starr
offen	geschlossen

Es steht selbstverständlich jedem frei, die Dinge so darzustellen. Die Frage ist, was damit gewonnen wird. Dass es Leute in Führungspositionen gibt, auf welche die Begriffe der rechten Seite der Liste zutreffen, sagt überhaupt nichts über Management aus. Es beweist nur, dass es auch Fehlbesetzungen und schlechte Personalentscheidungen gibt.

Daher mache ich einen anderen Vorschlag: Wenn wir hoffen wollen, das wirklich Wesentliche an Leadership zu erkennen, zu analysieren und es möglicherweise sogar, falls das überhaupt geht, zu lehren und zu lernen, dann muss man von einem möglichst positiv verstandenen Bild von Management ausgehen und dann von dort aus fragen, was Leadership darüber hinaus zusätzlich bedeutet. Tut man das nicht, wird einfach alles Schlechte als Management bezeichnet und alles Gute als Leadership. Damit hat man Begriffe ausgetauscht und Wörter herumgeschoben, aber nichts über Leadership gelernt.

Es gibt zahlreiche Führungskräfte, die zukunftsorientiert sind, Weitsicht haben, Innovatoren sind und allen Kriterien von positiv verstandenen Führern entsprechen; als Menschen aber sind sie viel zu bescheiden, um sich jemals als Leader zu bezeichnen oder bezeichnen zu lassen. Das würde ihnen als Anmaßung erscheinen. Es genügt ihnen, als gute Manager zu gelten.

Ganz gefährlich wird die Verwendung des Wortes »Leadership« dann, wenn sie – was regelmäßig der Fall ist – mit der Forderung nach einem bestimmten Persönlichkeitstyp verbunden ist, der herausragenden, außergewöhnlichen, elitären, berufenen, charismatischen, missionarischen Anführerfigur, eben dem Führer.

Es ist eine historisch kurzsichtige, einfältige Denkweise, die das Elementarste nicht zu leisten vermag, was von einer Leadership-Theorie zu verlangen wäre, nämlich Führer von Verführern zu unterscheiden, echte Führer von Egomanen, Bluffern und Autokraten.

Menschenbild

Fast jedes wichtige Thema im Management wie Motivation, Leistung, Zufriedenheit, Werte oder Unternehmenskultur scheint von der Wahl eines Menschenbildes und somit von der richtigen Verwendung des Wortes abhängig zu sein. Es ist gefährlich, weil es gerade dort zu starren Vorstellungen über Menschen führt, wo Flexibilität nötig ist.

Unvermeidlich kommen immer wieder dieselben zwei Typisierungen in die Diskussion, die der amerikanische Psychologe Douglas McGregor 1960 in »The Human Side of Enterprise« dargestellt und mit den Begriffen »Theorie X« und »Theorie Y« bezeichnet hat. Diese zwei Menschenbilder waren schon damals uralt. Sie durchziehen in Variationen die gesamte Geistesgeschichte. Sie sind für das Management weitgehend untauglich, weil sie mehr Schaden als Nutzen stiften.

Das eine Bild – Theorie X – sieht den Menschen als schwaches und hilfsbedürftiges Wesen, das auf die Solidarität der Gemeinschaft angewiesen und unfähig ist, sein Leben zu gestalten und zu verantworten, das Arbeit als leid- und mühevoll empfindet, sie daher eher scheut, das von anderen motiviert werden muss und gewissermaßen der »Erlösung« bedarf. Das andere – Theorie Y – ist das Bild des starken und leistungsfähigen, sich selbst motivierenden Menschen, der gerne und freiwillig arbeitet und leistet, sich und sein Leben selbst bestimmt und gerade darin Sinn und Selbsterfüllung findet.

Verzicht auf Typisierungen

Welchem der beiden Menschenbilder man auch immer gefühlsmäßig zuneigen mag, ich mache den Vorschlag, im Management auf ein Menschenbild überhaupt und gänzlich zu verzichten. Man ist zwar nie frei von Annahmen und Meinungen, ich empfehle aber, sich aktiv zu weigern, ein Menschenbild zu haben, weil man sonst Gefahr läuft, in die Falle von Klischees und Vorurteilen zu tappen.

Das zu vermeiden ist, zugegeben, nicht immer ganz einfach. Hier aber ist die Rede von Management und von Führungskräften, und von diesen darf wohl etwas Anstrengung erwartet werden.

Der beste Ausgangspunkt ist, zu akzeptieren, dass wir schlichtweg nicht wissen, wie die Menschen sind. Von den gegenwärtig rund sechs Milliarden Menschen sind keine zwei gleich. Alle sind einzigartige Individuen.

Muss man überhaupt wissen, wie die Menschen sind? Im Management hat man zum Glück nicht das Problem, alle Menschen führen zu müssen. Es stellt sich nur die Aufgabe, die acht, zehn oder zwölf Personen zu führen, die einem durch Schicksal, Zufall oder die eigene Auswahl als direkte Mitarbeiter unterstellt wurden. Daher muss man auch nur wissen, wie diese wenigen Menschen sind. Das lässt sich herausfinden, und zwar auch dann, wenn die Wissenschaft niemals Allgemeingültiges über die Motivation der Menschen entdecken wird.

Herausfinden, wie der Einzelne ist

Es geht mir nicht darum, die Tugend der Vorurteilsfreiheit zu predigen, so wünschenswert sie auch ist. Das Ziel ist ein praktisches. Die Weigerung, ein allgemeines Menschenbild zu akzeptieren, und das Eingeständnis, nicht zu wissen, wie die Menschen sind, führt zur Aufgabe, herauszufinden, wie der einzelne Mensch ist, mit dem man zusammenarbeiten muss. Man wird leicht feststellen, dass niemand einem Menschenbild entspricht.

Da gibt es den Mitarbeiter, der am Arbeitsplatz ein »Theorie-X-Typ« zu sein scheint und offenbar nichts anderes im Kopf hat als das Ende des Arbeitstages. Danach aber widmet er sich hochengagiert und motiviert einer Aufgabe in einem Verein, einer gemeinnützigen Organisation, einer politischen Partei, oder er geht mit Leidenschaft einem Hobby oder einem Sport nach. Im Betrieb tut er nur das Nötigste, fehlt jedoch an keinem Volkslauf. Was also ist das für ein Mensch? Da gibt es aber auch den anderen Mitarbeiter, der in seiner Arbeit sehr gute Leistung erbringt, ein »Theorie-Y-Typ« zu sein scheint, hingegen in seinem Privatleben nie etwas bewegt und seine Abende vor dem Fernsehapparat verbringt. Wo soll er eingeordnet werden? Vermeintliche X-Typen zeigen nicht immer X-Verhalten, und scheinbare Y-Typen nicht immer Y-Leistung.

Es gibt den Menschen, der Perioden der Hochleistung, dann wieder während Tagen oder Wochen einen »Durchhänger« hat, vor sich »hindumpft« und beinahe depressiv ist. Am Montag sind viele Leute nicht »so gut drauf«, am Dienstag beginnen sie, in Form zu kommen, am Mittwoch gelingt ihnen eine besonders wichtige Leistung, die ihrer Motivation einen Höhenflug verleiht, am Donnerstag geht etwas schief, und am Freitag beginnen doch die meisten – darunter auch viele Topmanager –, an das Wochenende zu denken. Welchem Menschenbild sind diese Menschen zuzuordnen? Manche sind in ihrer Jugend dumm und werden im Alter klug, bei anderen ist es umgekehrt. Am eindrucksvollsten sind jene gar nicht so seltenen Beispiele von Menschen, die unerwartet über sich hinauswachsen, wenn sich ihnen eine Aufgabe stellt, obwohl man zu wissen glaubte, dass sie nie viel bewegen werden.

Jeder Sporttrainer hat gelernt, nicht auf Typen zu achten, sondern auf das individuelle Leistungsprofil jedes einzelnen Sportlers. Wer sich auf Menschenbilder fixiert, läuft nicht nur Gefahr, den Menschen Unrecht zu tun, sondern er vernachlässigt das Wichtigste im Management: nämlich herauszufinden, was der Einzelne kann, welche Stärken er hat – und ihn dort einzusetzen, wo er einen Beitrag zu leisten vermag.

Personalentscheidungen

Erfolgreiche Unternehmensführung hat zwei Fundamente: persönliches Vorbild der Unternehmensspitze und richtige Personalentscheidungen. Beide sind unerlässlich; beide vertragen keine Kompromisse. Personalentscheidungen sind das ultimative Mittel der Führung einer Organisation. Raffinierte Methoden sind dafür nicht nötig, obwohl gerade diese viele faszinieren. Daran erkennt man die Dilettanten. Erforderlich sind Gewissenhaftigkeit und die strikte Einhaltung einiger Grundsätze. Selten zuvor wurden die Risiken falscher Personalentscheidungen so klar erkennbar wie durch die Fehlentscheidungen der 1990er Jahre oder auch der jüngsten Zeit.

Der erster Grundsatz lautet: Niemand ist ein Menschenkenner. Auch wenn viele das nicht wahrhaben wollen: Wirklich erfahrene Leute verlassen sich nicht auf ihre Menschenkenntnis, auch wenn sie noch so viel davon zu haben glauben. Intuition und erste Eindrücke sind schlechte Ratgeber. Das mit Personalentscheidungen verbundene Risiko ist zu groß, um sie auf der Basis subjektiver Gewissheit zu treffen.

Der zweite Grundsatz lautet: Wer falsche Mitarbeiter einstellt, ist für diese Handlung verantwortlich. Der zweite Grundsatz betrifft die Korrektur falscher Personalentscheide. Für jeden Versager in einer Position gibt es jemanden, der ihn dorthin befördert hat. Dieser, und nicht der eingestellte Mitarbeiter, hat die Verantwortung zu tragen und die Entscheidung zu korrigieren. Das berühmte »Peter-Prinzip«, wonach jeder Mensch bis zur Stufe seiner Inkompetenz befördert wird, ist nur eine bequeme Ausrede für mangelnde Sorgfalt.

Der dritte Grundsatz lautet: Die schnelle Personalentscheidung ist fast immer eine falsche Entscheidung. Wegen der Wichtigkeit dieser Entscheidungen, wegen ihrer Langfristigkeit und präjudiziellen sowie Signalwirkung müssen Personalentscheide – insbesondere für Spitzenpositionen – mit aller nur denkbaren und von Menschen aufzubringenden Sorgfalt, Gewissenhaftigkeit und Gründlichkeit getroffen werden. Das benötigt seine Zeit, und diese muss man sich nehmen.

Der vierte Grundsatz lautet: Gib nie einer Person, die neu ist, eine für das Unternehmen neue und kritische Aufgabe. Mit neuen und wichtigen Aufgaben darf man nur Menschen beauftragen, die man schon kennt und daher einschätzen kann. Personen, die man noch nicht kennt, müssen mit bekannten Aufgaben betraut werden. Ein Verstoß gegen diesen Grundsatz bedeutet, dass man sich eine Gleichung mit zwei Unbekannten stellt und damit unkalkulierbare Risiken eingeht. Im Allgemeinen kann dieser Grundsatz eingehalten werden. An seine Grenzen stößt man bei der Besetzung von Spitzenpositionen von außen. In der Regel ist das eine der riskantesten Situationen, die man, wenn immer möglich, vermeiden sollte.

Der fünfte Grundsatz lautet: Es gibt keine Universalgenies. Besonders bei hohen Positionen neigt man dazu, in eine Falle spezieller

Art zu tappen: die Falle des Universalgenies. Man sucht nach dem »Multitalent« und »Alleskönner«. Das Universalgenie ist eine Fiktion, eine Legende, die Hauptfigur auf der Bühne schlechter Managementlehren. Man kann es beschreiben, aber man wird es nicht finden. Dies einsehend, laufen viele in eine andere, gegensätzliche Falle: Sie wählen Leute aus, die die geringsten Schwächen haben, sie suchen die »abgerundete Persönlichkeit«. Während der eine Fehler zur Suche nach dem Unmöglichen führt, gelangt man durch den zweiten in die Falle der Mittelmäßigkeit.

Das Geheimnis jeder erfolgreichen Organisation sind weder »Universalgenies« noch »abgerundete Persönlichkeiten«. Es sind Menschen mit genau jenen Stärken, die das Unternehmen in der speziellen Situation für den Erfolg braucht. Wenn ein Unternehmen vor einer Innovationsphase steht, braucht man Leute, die ihre Stärken in der Innovation haben. In einer Turnaround-Situation benötigt man andere Stärken und Fähigkeiten.

Stärken treten mit naturgesetzlicher Zwangsläufigkeit im Verbund mit Schwächen auf. Erfahrene und erfolgreiche Führungskräfte wissen das. Daher setzen sie auf Stärken und nehmen Schwächen, oft große und viele, in Kauf. Sie können sie nicht beseitigen, machen sie aber durch die Ergebnisse, die mit den Stärken erzielt werden, bedeutungslos.

Teamarbeit

Zu den aktuellen Modewörtern gehören Team und Teamarbeit. Wer besonders zeitgeistkonform sein will, stellt sie in einen polaren Gegensatz zur Einzelleistung, die alles verkörpert, was schlecht und »out« ist, während Teamarbeit gut und »in« ist. Teamarbeit ist seit einiger Zeit einer der am häufigsten verwendeten Begriffe im Management. Das Wort ist fast ausnahmslos positiv gemeint: Teams und Teamarbeit werden nicht nur als eine mögliche Form des Arbeitens angesehen, sondern als einzig wünschenswerte. Teams gelten grundsätzlich und generell als dem Einzelnen überlegen. Das Team wird per se als effizient, kreativ und erfolgreich angesehen. Das klingt alles gut. Leider gibt es für die Richtigkeit dieser Thesen nicht den geringsten Beweis.

Nicht, dass Teamarbeit nicht gebraucht würde. Das war schon immer so. Was ist daran so neu, dass es besonderer Betonung bedarf? Was ist daran so schwierig, dass es besonders zu lernen und zu üben ist? Und wie lässt sich der damit verbundene Dogmatismus begründen, der darin die einzige Form brauchbaren Arbeitens zu erblicken meint?

Seit es Menschen gibt, gehört Zusammenarbeit zu den Selbstverständlichkeiten des täglichen Lebens. Was heute Team genannt wird, ist die Grundform jeglichen Sozialgebildes schlechthin. Es ist geradezu das konstitutive Element des Sozialen, nämlich die Kooperation von Menschen in unterschiedlichen Variationen zur Bewältigung des Lebens, seien es die verschiedenen Formen der Familie, das prähistorische Jagdrudel, die Stammesgemeinschaft, die bäuerliche Hofgemeinschaft, der Handwerksbetrieb, die Dorfgemeinschaft. Niemand hätte ohne Kooperation überleben können; Robinson gibt es nur im Roman.

Aus diesem Grunde war es auch für niemanden ein Problem, im und als Team mit anderen zusammenzuarbeiten. Das musste weder gelernt noch gelehrt werden. Das Leben als solches spielte sich im Team ab; Leben war Teamarbeit. Daher ist Teamarbeit und das, was neuerdings als soziale Kompetenz bezeichnet wird, den Historikern auch keinerlei Erwähnung wert. So bin ich noch nie auf Passagen gestoßen wie: »… und dann erfanden die Assyrer das Team…«.

Was ist an Teamarbeit so schwierig?

Was also sind die Änderungen, die es notwendig zu machen scheinen, dass die banalste Selbstverständlichkeit der letzten Jahrtausende plötzlich als so wichtig und vor allem als so schwierig erscheint, dass man sie besonders lernen muss und dass sie als Kriterium für Karriere, ja für berufliche Brauchbarkeit schlechthin angesehen wird? Sind die Menschen plötzlich soziale Analphabeten und kommunikative Kretins geworden? Oder haben wir eine Überzahl an Autisten?

Kaum! Vielleicht haben wir heute, als Folge gewisser ideologisch motivierter Schulversuche, eine etwas größere Zahl von Leuten in den Organisationen, die nicht gelernt haben, etwas allein zu Ende zu bringen, weil sie sich zu oft in einer Lern- oder Erfahrungsgruppe verstecken konnten. Vielleicht haben wir auch etwas mehr von denen, die in der Schule den Unterschied zwischen Erfolg und Misserfolg nicht deutlich verspürt haben, weil sie nie richtig beurteilt wurden und daher ein bloßes Durchkommen schon als besondere Leistung betrachteten. Gewisse pädagogische Fehlentwicklungen haben Spuren hinterlassen, und Menschen, die dadurch geschädigt wurden, müssen heute mühsam dazulernen. Aber sie bilden eine Minderheit.

Was allerdings zugenommen hat, sind unsinnige Organisationsformen und nicht praktikable Formen der Arbeitsteilung, die fast jedes produktive Arbeiten verhindern oder jedenfalls erschweren. Wer zum Beispiel in einer – meistens viel zu schnell, unüberlegt eingeführten und nicht zu Ende gedachten – Matrixorganisation zu arbeiten hat, muss ein solches Übermaß an Teamfähigkeit haben, wie es nur selten anzutreffen ist und in der Regel auch durch noch so viel Ausbildung nicht geschaffen werden kann. Daher ist es viel besser, effektiver und wirtschaftlicher, die Organisation zu ändern.

Organisation hat nicht den Zweck, Arbeit für den Menschen schwierig zu machen. Sie soll es, im Gegenteil, leicht machen, zu arbeiten. Wenn man aufhört, Menschen leistungsbehindernde Organisationen zuzumuten, wird man schnell feststellen, dass die meisten ohne größere Probleme recht gut zusammenarbeiten können. Eben weil es zu den ganz normalen Fähigkeiten gewöhnlicher Leute zählt und gar keine besonderen Notwendigkeiten bestehen, Teamarbeit zu trainieren.

Niemand käme auf die unsinnige Idee, zu verlangen, dass Menschen im Team Auto fahren, ein Musikinstrument oder Schach spielen sollen. Man weiß, dass Aufgaben dieser Art mit Aussicht auf Erfolg und Effizienz, gar Brillanz, nur von Einzelpersonen erfüllt werden können. Auch noch so viel Teamtraining würde nicht einmal zu mittelmäßigen Leistungen führen. Dass die Aufführung einer Symphonie Teamarbeit erfordert, ist klar und muss keinem Musiker besonders gesagt werden. Daraus folgt aber nicht, dass die Trompete von einem Team geblasen wird. Selbst das schwierigste und anspruchsvollste Instrument, die Orgel, ist aus gutem Grunde so gebaut, dass sie von einem Organisten allein gespielt werden kann.

Gestaltete man im Management mit derselben Sorgfalt die Stellen und Aufgaben, wie gute Komponisten die einzelnen Stimmen einer Symphonie anlegen, wäre Teamarbeit kein Thema, oder präziser: Man dürfte sich darauf verlassen, dass gewöhnliche Menschen die Fähigkeiten selbstverständlich schon mitbringen, die sie brauchen, um zusammenzuarbeiten. Teamarbeit wäre kein Problem.

Auch mit noch so viel Ausbildung wird man das Gegenteil nicht schaffen: nämlich die Fehler in der Aufgaben- und Stellengestaltung und Organisation durch Teamtraining zu kompensieren.

Und die wirklich große Leistung?

Was Menschen also können müssen, um zusammenzuarbeiten, darf unter vernünftig gestalteten Bedingungen weitgehend vorausgesetzt werden. Wie sieht es mit der herausragenden Leistung aus? Ist nicht die echte Spitzenleistung, der große kreative Wurf, Sache des Teams, und würde dort noch immer die gewöhnliche Teamfähigkeit gewöhnlicher Menschen genügen? Oder muss nicht hier nun die besondere Ausbildung ansetzen?

Dieser Gedanke ist faszinierend genug, um seine Gültigkeit zu prüfen. Ob man das Ergebnis als überraschend ansieht oder nicht, hängt davon ab, wie sehr man sich mit dem Wirken und den Leistungen so genannter »großer« Menschen befasst hat.

Praktisch alle großen Leistungen, vor allem das, was man Durchbrüche zu nennen pflegt, waren die Leistungen einzelner Menschen, manchmal mit Unterstützung von anderen, aber so gut wie nie von Teams. Das gilt für sämtliche Kunstrichtungen: Weder gibt es in der Musik Teamkompositionen noch Werke der Weltliteratur, die in Teams entstanden wären; weder ist Teammalerei bekannt, noch haben die großen Bildhauer im Team gearbeitet.[7]

Im Gegensatz zu einer weit verbreiteten Meinung gilt das in gleichem Maße für die Wissenschaft, sodass man es ernst nehmen sollte. Die bedeutenden Werke der Philosophie, der Mathematik, der Natur- und der Geisteswissenschaften sind, von wenigen Ausnahmefällen abgesehen, von Einzelnen geschaffen worden. Das wird durch bestimmte Zitierweisen und Gepflogenheiten der Nobelpreisverleihung zwar gelegentlich verschleiert, lässt sich aber in genügend Fällen nachweisen.

Teams sind Werkzeuge, genauso wie die Einzelarbeit. Weder darf man eine dieser Arbeitsformen ausklammern, noch darf man sie heroisieren. Wie man zu arbeiten hat, welches die optimale Form ist, muss von der Aufgabe bestimmt werden und nicht von Dogmen.

Aufgaben müssen in der Welt der Organisationen so gestaltet werden, dass sie von gewöhnlichen Menschen (weil es andere nicht gibt), die gewöhnliche Fähigkeiten haben (weil andere nicht erlernbar sind), erfüllt werden können.

Unternehmen, die Ergebnisse erzielen wollen, müssen beides beherrschen: Teamarbeit und Einzelleistung. Wer Karriere machen will, oder vielleicht besser: nachhaltig Leistung erbringen will, und wer als Führungskraft auf das Vertrauen und die Achtung anderer Menschen angewiesen ist, muss es sich versagen, mit Schlagwörtern zu operieren und auf Modewellen hereinzufallen.

Vision

Eines der beliebtesten, aber gefährlichsten Modewörter der letzten Jahre ist Vision. Zum Teil hat es sich als schlechte Übersetzung aus dem Englischen eingebürgert. Hier schlage ich vor, das Wort in einem Unternehmen nicht zu verwenden. Es richtet weit häufiger Schaden an, als es nützlich ist.

Der größte Teil der jüngeren Unternehmensdebakel im Banken- und Versicherungsbereich, im Telekommunikations- und Mediensektor ist fast ausschließlich darauf zurückzuführen, dass man den Begriff »Vision« grassieren ließ. Dazu gehören auch die meisten Start-ups der Börsenboom-Jahre, die außer Visionen nichts zu bieten hatten. Aber das beeindruckte die Leute.

Was ist gut an diesem Wort, und was ist gefährlich? Ich bestreite nicht, dass Führungskräfte fähig sein müssen, sich eine Vorstellung über zukünftige Entwicklungen zu machen, dass sie über den »Tellerrand« des heutigen Geschäftes zu blicken haben, über Weitsicht und Vorstellungskraft verfügen müssen. Das war immer so, besonders bei jenen Personen, die man als »Leader« zu bezeichnen neigt.

Sie aber sind ohne das Wort »Vision« ausgekommen. Wir finden es weder bei Churchill noch bei Napoleon, nicht bei Mahatma Ghandi und nicht bei Friedrich dem Großen. Auch bei den großen Unternehmensgründern und Industriemagnaten wie Alfred Krupp,

August Thyssen, J. P. Morgan, Henry Ford und Werner von Siemens wird man es vergeblich suchen. Vielleicht haben sie den Begriff beiläufig verwendet; sicher aber war er kein maßgeblicher Bestandteil ihres Denkens über ihre Zukunftspläne.

Im Duden stand bis Anfang der 1990er Jahre unter der Eintragung »Vision« schlicht »Gesichts- oder Sinnestäuschung«, »optische Halluzination« und »übernatürliche Erscheinung als religiöse Erfahrung«. Und genau das waren für Hunderte von Jahren die Bedeutungen dieses Wortes. Erst danach wurde hinzugefügt: »jemandes Vorstellung, besonders in Bezug auf die Zukunft entworfenes Bild«.

Die im Management verwendete Bedeutung ist sprachlich also jung. Sie hat der Professionalität von Management nicht gedient. Niemand wird behaupten wollen, die Managementleistungen der letzten zehn Jahre gingen über die der Gründerpioniere hinaus. Das Gegenteil trifft zu: Sie kommen an diese nicht einmal näherungsweise heran.

Unter dem hochtrabenden Begriff der »Vision« sind durchweg Luftschlösser und Kartenhäuser entstanden, die beim geringsten wirtschaftlichen »Wind« zusammengebrochen sind. So gesehen, könnte man sogar von einem »gut gewählten« Begriff sprechen. Allerdings hatten jene, die den Begriff aufbrachten und verwendeten, dies so natürlich nicht im Sinn.

Es geht nicht um bloße Semantik und schon gar nicht um Wortklauberei. Das Problem ist viel ernster. Die Visionsmode hat einigen Persönlichkeitstypen Aufmerksamkeit und Anerkennung verschafft, die früher in einem gut geführten Unternehmen keine Chance gehabt hätten: dem Bluffer und Angeber, dem Träumer und dem Scharlatan. Mit dem Hinweis darauf, wie wichtig Visionen seien, und unter Verweis auf eine bestimmte Art von Managementliteratur, konnte man auch grobem Unfug einen Anstrich von Legitimität und Wichtigkeit geben. Und noch schlimmer: Die Bluffer konnten sich jeder kritischen Diskussion dadurch entziehen, dass sie die Skeptiker und Kritiker herabsetzten und ihnen Mangel an Visionen vorwarfen. Rhetorik und Denunziation konnten an die Stelle einer der Sache dienlichen Diskussion treten.

Der entscheidende Mangel ist das Fehlen der Unterscheidung von guten und schlechten Visionen. In der gesamten umfangreichen Visionsliteratur findet sich kein Hinweis darauf, wie man das eine vom anderen unterscheidet, wie man tragfähige Vorstellungen von Unfug trennt, worin der Unterschied zwischen Hirngespinsten und brauchbaren Ideen liegen könnte.

Nicht nur findet man keine Kriterien, das Problem wird nicht einmal diskutiert. Als ich eine der emsigsten Autorinnen von Visionsbüchern einmal fragte, wie sie denn glaube, die Spreu vom Weizen trennen zu können, konnte sie zwar keine Antwort geben, war dafür jedoch empört. Empörung anstelle von Sachverstand muss man gelegentlich hinnehmen und höflich dazu schweigen, aber damit wird kein Problem gelöst. Und während einer Diskussion, in der ich den Professor einer angesehenen Universität nach einer Definition fragte, antwortete dieser bereitwillig: »A vision is a dream with a deadline«. Das ist allemal gut für einen imposanten Anfang eines Vortrages, aber es ist gänzlich unbrauchbar für seriöse Arbeit. Jeder Traum hat ein Ende, zum Glück auch jeder Albtraum ...

Aus diesem Grunde ziehe ich gehaltvollere und bodenständigere Begriffe vor. Zum Beispiel Leitbild, unternehmenspolitisches Ziel oder auch Strategieentwurf. Ich weiß, dass sie alle ihre Nachteile und Unschärfen haben. Wer aber eine solide Ausbildung in Management hat und die richtige Literatur auf diesem Gebiet kennt, weiß genau, was darunter zu verstehen ist. Er orientiert sich an Inhalt, an Substanz und nicht an semantischer Verpackung. Die Bluffer und Scharlatane können hier nicht lange mithalten.

Vorstellungskraft und kühne Ideen sind durchaus ein Element guter Führung. Es muss aber klar zwischen guten und schlechten, brauchbaren und unbrauchbaren Ideen unterschieden werden. Die Exzesse der letzten Jahre sollten Beispiel genug sein.

Emotionen

Man kann sich allgemeiner Zustimmung, in manchen Kreisen der Verehrung, sicher sein, wenn man mehr »Bauch« fordert und gegen die »Verkopfung« auftritt. Plädoyers für mehr »Emotionalität«[8] im Management sind in unterschiedlichen Variationen immer wieder Marktrenner. Regelmäßig treten auch Vertreter des Topmanagements und der Unternehmerschaft für mehr Gespür und Intuition ein.

Im Gegenzug ist mit oft erbitterter Gegnerschaft zu rechnen, wenn man das Umgekehrte tut: weniger »Bauch« und mehr »Kopf« zur Diskussion stellt. Selbst die Forderung nach einer Balance von beidem wird oft genug mit Argwohn quittiert. Die Diskussionsqualität ist mittelalterlich, ebenso der Dogmatismus.

Bemerkenswert ist, dass es keine wissenschaftliche Untersuchung gibt, welche die Überlegenheit des »Bauches« gegenüber dem »Kopf« in jenen Punkten nachgewiesen hätte, die im Kontext von Management am entschiedensten behauptet werden. Das betrifft das Erkennen, Erfassen und Beurteilen von komplexen Sachverhalten und damit zusammenhängend das Treffen von Entscheidungen, und zwar richtigen Entscheidungen.

Das Ergebnis von Untersuchungen zeigt das Gegenteil.[9] Die Emotionen der Menschen sind zwar ein Bestandteil von komplexen Systemen, eine ihrer wichtigsten, vielleicht überhaupt die wichtigste Wirkungskomponente. (Darin liegt zum Beispiel die Bedeutung von Gefühlen für Marketing, Politik und Religion.) Das muss man wissen und kann es nutzen (wofür eine Verstandesleistung nötig ist). Die Gefühle selbst sind aber keine Hilfe dafür, solche Systeme und Situationen zu verstehen und darin richtig zu handeln. Eines der entscheidenden Hindernisse ist gerade das Gefühl der subjektiven Gewissheit, das in der Regel mit Emotionen verbunden ist.

Nur positive Emotionen?

Wenn von Emotionen und ihrer erwünschten Wirkung im Management die Rede ist, sind positive Emotionen gemeint: Liebe, Mitleid, Sympathie. Wer wollte ohne sie sein? Aber gibt es nur diese? Über negative, destruktive, böse Gefühle findet sich kein Wort. Gibt es Neid, Missgunst, Hass, Eifersucht und Aggression nicht? Sollen wir uns diese in unseren Familien und Organisationen unter dem Etikett »mehr Bauch« auch wünschen? Man sieht, es genügt nicht, einfach mehr Emotion zu fordern.

Die Entwicklung hin zu einer Zivilisation, gar einer Kultur, hängt maßgeblich damit zusammen, dass der Mensch gelernt hat, seinen Emotionen, Instinkten und Trieben »Zügel« anzulegen, sie zu disziplinieren.[10] Viele Emotionen sind ausgesprochen sozialschädlich. In der Disziplinierung zerstörerischer Emotionen liegt der Hauptzweck von Sitte, Moral, Recht und Manieren. Der Mensch ist ein soziales Wesen nur in dem Maße, als er gelernt hat, Regeln zu befolgen, statt seinen Impulsen nachzugeben. Er ist human, nicht weil er Emotionen hat; er ist human aus dem gegenteiligen Grund, weil er seine Emotionen unter Kontrolle gebracht hat.

Aus diesem Grunde ist zu empfehlen, innerhalb von Organisationen, wenn sie funktionieren sollen, Emotion durch Korrektheit zu ersetzen. In meinen 30 Jahren Praxis habe ich keinen Konfliktfall erlebt, dessen Ursprung und/oder Eskalationsgrund nicht auf Emotionen basierte. Für das Privatleben mag man das anders sehen. In einer Organisation kommt man mit Emotionen – auch den positiven – in »Teufels Küche«.

Sind Gefühle zuverlässig?

Wie sieht es mit der Richtigkeit der aus dem Bauch heraus getroffenen Entscheidungen aus? Abgesehen von den Fehlerquoten in den gefühlsmäßigen Partnerwahlentscheidungen (man denke an die Scheidungsquoten) und den »Bauch«-Entscheidungen an der Börse (man analysiere die Kontostände), genügen ein paar einfache Tests, um die Unzuverlässigkeit gefühlsmäßiger Beurteilungen und Entscheidungen zu erfahren.

Außerhalb klimatisierter Räume sind zum Beispiel nur wenige in der Lage, gefühlsmäßig eine richtige Temperaturangabe zu machen. Was subjektiv als warm oder kalt angesehen wird, zeigt sich anders auf dem Thermometer mit seiner »verkopften« Objektivität. Kaum jemand ist fähig, Luftfeuchtigkeit oder Windgeschwindigkeit auch nur näherungsweise richtig zu schätzen. Gefühlsmäßige Geschwindigkeitsschätzungen von Autos durch Passanten (etwa bei Verkehrsunfällen) sind so notorisch falsch, dass sie vor Gericht als Zeugenaussagen wertlos sind. Ähnlich verhält es sich bei Zeitschätzungen. Was man »Zeitgefühl« nennt, liegt meist so hoffnungslos daneben und ist so sehr von der Situation geprägt, dass es unbrauchbar ist. Gefühlsmäßig erscheinen zehn Minuten beim Zahnarzt endlos, zwei Stunden spannendes Kino vergehen hingegen im Flug.

Bedenklich wird es, wenn den Leuten – nicht selten mit Autoritätsanspruch – zum Beispiel empfohlen wird, »gefühlsmäßig« Fitness zu trainieren. Niemand ist in der Lage, die Höhe seines Pulsschlages ohne Messgerät richtig zu nennen, außer er hat jahrelanges Training hinter sich mit systematischen Pulsmessungen und genauen Aufzeichnungen. Und selbst dann ist die Irrtumsquote hoch.

Im Bereich komplexer Systeme wurde von Jay Forrester in seinen bahnbrechenden Systemstudien am MIT gezeigt, dass komplexe Systeme sich – wie er es genannt hat – kontra-intuitiv verhalten. Ihrer gefühlsmäßigen Erfassung, Einschätzung und Beurteilung steht dies somit systematisch im Wege.

Verstandesmängel sind nicht durch Emotionen kompensierbar

Dass der Verstand des Menschen fehlerhaft arbeitet, bestreite ich nicht; weswegen Gefühle diesen Mangel nicht haben sollten, bleibt unerklärt. Allen Argumenten und Widerlegungen zum Trotz hält sich hartnäckig die bloße unbegründete Behauptung, Gefühle seien dem Verstand überlegen. Und wenn man es schon nicht nachweisen kann, wird sie wenigstens umso häufiger – meistens sehr gefühlsbetont – wiederholt.

Ganz ungeniert wird Gefühl höher gewertet als Verstand und Vernunft. Gefühl wird mit Wärme und Menschlichkeit assoziiert, Verstand mit deren Gegenteil, mit Kälte und wenn nicht mit Unmenschlichkeit, so doch mit eisigem Kalkül.

Diese sich gegenseitig ausschließende Zweiteilung, die immer wieder vorgenommen wird, ist falsch und dümmlich. Sie ist es schon deshalb, weil das logische Gegenteil von rational nicht emotional ist, sondern irrational, und jenes von emotional ist unemotional oder nicht-emotional oder gefühlsfrei.

Hier bestreite ich weder die Existenz von Emotionen noch ihre Wichtigkeit oder Wirkung. Es ist auch richtig, dass Verstandesleistungen immer in einem Kontext mit Emotionen stattfinden und Denkvorgänge von Emotionen begleitet sind. Die reine Vernunft gibt es nicht; und die sie vertretende Philosophie des reinen Rationalismus hat immensen Schaden angerichtet.

Bei allen Mängeln, die der Verstand des Menschen im Allgemeinen aufweist, und die beim Einzelnen in besonderem Maße limitierend sein mögen, gibt es dennoch keinen überzeugenden Nachweis dafür, dass Emotionen – in Zusammenhang mit dem Verstehen komplexer Systeme, den darin erforderlichen Entscheidungen und ihrem Management – den Verstand ersetzen oder auch nur ergänzen könnten. Die gegenteilige Meinung beruht meines Erachtens auf einer Illusion oder mangelhaften Kenntnissen über den Forschungsstand.

Aus der Allgegenwärtigkeit und immensen Wirkung von Emotionen darf nicht auf ihre Zuverlässigkeit als Orientierungs- und Navigationshilfe geschlossen werden. Gefühle sitzen in einer evolutionsgeschichtlich sehr alten Region des Gehirns, dem so genannten limbischen System. Sie mögen zuverlässig gewesen sein in einer Umgebung, in der diese Gehirnformation sich entwickelte. Weswegen das heute, in einer völlig anderen Umwelt, noch immer so sein sollte, bleiben die Vertreter dieser »Theorie« zu erklären schuldig. Könnte es sein, dass sie in Wahrheit extrem unzuverlässig sind? So unzuverlässig, dass sich jene Organismen höher entwickelt und überlebt haben, deren Evolution – mit wachsender Komplexität ihres Umfeldes – ein Großhirn mit seinen Vernunfts- und Verstandesfähigkeiten entstehen ließ? Damit dieses die Mängel des limbischen Systems korrigieren kann?[11]

Fragen dieser Art verhindern nicht, dass Bücher, die »limbisches Denken« (ein Widerspruch in sich) für Manager empfehlen, gerne gekauft und teilweise begeistert aufgenommen werden. Die in solchen Büchern aufgestellte Behauptung, viele Entscheidungen würden im Management aus dem »Bauch« getroffen, stimmt zwar, übersehen wird dabei aber, dass dies oft falsche Entscheidungen sind.

Dass Gehirnforscher[12] leider auch dann noch positive Urteile über solche Bücher abgeben, kann nur in die Kategorie der Peinlichkeiten eingeordnet werden. Und es gibt Anlass, den Schustern das Sprichwort vom eigenen Leisten ins Gedächtnis zu rufen.

Konzentration

Der Grundsatz der Konzentration ist überall wichtig. Im Management ist seine Bedeutung deshalb besonders groß, weil kein anderer Beruf so stark und systematisch den Gefahren der Verzettelung und Zersplitterung der Kräfte ausgesetzt ist.

Diese Gefahren gibt es auch in anderen Tätigkeitsbereichen. Aber nirgendwo sind sie so institutionalisiert wie im Management, so »hoffähig« und so sehr missverstanden als Zeichen besonderer Dynamik und Leistungsfähigkeit. Umgekehrt ist nichts so typisch für Wirksamkeit wie die Fähigkeit, die Kunst oder besser die Disziplin, sich zu konzentrieren.

Das Wort »Konzentration« allein genügt aber noch nicht; es kann immer noch missverstanden werden. Deshalb muss es unter den »gefährlichen Wörtern« erscheinen: Das Wesentliche, wenn man an Wirkung und Erfolg interessiert ist, besteht darin, sich auf Weniges zu beschränken, auf eine kleine Zahl von sorgfältig ausgesuchten Schwerpunkten. Die Auswahl der Prioritäten erfordert Sorgfalt, Gewissenhaftigkeit, gründliches Durchdenken der Situation – und praktische Erfahrung. Mehr ist kaum erforderlich. Vor allem ist keine einzige der von der Management-»Schickeria« so gerne vollmundig verlangten außergewöhnlichen Eigenschaften und Fähigkeiten nötig.

Gelegentlich wird eingewendet, das Prinzip der Konzentration sei dort, wo man es mit komplexen und vernetzten Situationen zu tun hat, nicht anwendbar.

Das genaue Gegenteil ist der Fall. Gerade weil vieles so komplex, vernetzt und interaktiv ist, ist dieser Grundsatz überhaupt erst wichtig. Früher war er das nicht – aus einem schlichten Grund: In einfachen Situationen wird er nicht gebraucht. Dort gibt es kaum Ablenkung, also ist der Grundsatz automatisch erfüllt. Weder der Bauer auf dem Feld noch der Arbeiter im Stahlwerk noch der Steinmetz zur Zeit der Gotik ist je den Versuchungen der Verzettelung ausgesetzt gewesen, die für eine Managementposition, und besonders für die höheren, charakteristisch sind.

Die Sachlage ist klar: Man kann sich mit vielen verschiedenen Dingen, sogar gleichzeitig, beschäftigen. Aber man kann nicht auf vielen verschiedenen Gebieten erfolgreich sein. Somit muss man unterscheiden zwischen Arbeit und Leistung, zwischen Beschäftigung und Erfolg.

Wo immer sich Wirkung, Erfolg und Ergebnis zeigt, kann man – von Zufällen und Glück abgesehen – auch beobachten, dass der Grundsatz der Konzentration auf weniges eingehalten wurde. Fast alle Menschen, die in irgendeiner Weise durch ihre Leistungen bekannt oder gar berühmt geworden sind, haben sich auf eine Sache, eine Aufgabe, ein Problem konzentriert. Das ging und geht oft bis zur Besessenheit und manchmal an die Grenze des Krankhaften, was ich nicht empfehle. Immer aber gilt: Konzentration auf eine Sache oder wenige Dinge ist der Schlüssel zum Ergebnis. Es ist schon der Schlüssel zum gewöhnlichen Ergebnis; ausnahmslos und ohne Kompromiss gilt das für das herausragende, außergewöhnliche Ergebnis, für die Spitzenleistung.

Die Wichtigkeit dieses Prinzips bestätigen viele Menschen aus ganz verschiedenen Gebieten, wie Albert Einstein und Martin Luther, Bertolt Brecht und Auguste Renoir, Johann Strauß und Ludwig Wittgenstein, Thomas Mann und Jean-Jacques Rousseau.

Besonders lehrreich sind die Beispiele von Menschen, die wirksam und erfolgreich waren, obwohl sie unter besonders erschwerten Bedingungen wie Krankheit, Behinderung oder Überlastung arbeiten mussten. Ohne Ausnahme zeigt sich, dass der Grund für ihren Erfolg in konzentriertem Arbeiten lag, zu dem sie durch die Umstände gezwungen waren. Einer der bemerkenswertesten und gut dokumentierten Fälle ist Harry Hopkins. Er war während der Zeit des Zweiten Weltkrieges als engster persönlicher Berater und Beauftragter von US-Präsident Franklin D. Roosevelt die graue Eminenz in Washington. Trotz schwerster Krankheit und schließlich vom Tode gezeichnet hat er durch strikte Konzentration auf die wirklich wichtigen Angelegenheiten und konsequente Abwehr aller zweitrangigen Dinge so viel erreicht wie kaum ein anderer – so viel, dass Churchill ihn als »The Lord of the Heart of the Matter« bezeichnete.

In der einigermaßen gut dokumentierten Geschichte gibt es nur zwei Personen, die viel Verschiedenes – teilweise auch gleichzeitig – angepackt haben und dennoch erfolgreich waren oder jedenfalls so angesehen werden: Es sind Leonardo da Vinci und Johann Wolfgang von Goethe. In beiden Fällen spricht vieles dafür, dass sie sich im Grunde verzettelten und viel mehr und Größeres hätten erreichen können, wenn sie sich etwas beschränkt hätten. Dass sie dennoch ein großes Werk hinterlassen haben, ist ihrer unbestrittenen Ausnahmebegabung zuzuschreiben. Welcher Manager aber kann von sich schon guten Gewissens behaupten, in die Nähe von Leonardo oder Goethe zu kommen…?

Managereinkommen

Wenn wir nicht die besten Löhne zahlen, bekommen wir nicht die besten Manager. So oder so ähnlich wurde und wird argumentiert, um die exzessiven Einkommen von Führungskräften zu rechtfertigen.

Die Einkommensexzesse von US-Topmanagern sind Tagesgespräch. In Europa finden wir zwar keine solchen Rekorde, man hat aber, um es höflich zu formulieren, erhebliche »Fortschritte« erzielt. Am wenigsten übertrieben wurde in Asien. »Managereinkommen« war bis Mitte der 1990er Jahre ein wichtiges, aber nicht unbedingt gefährliches, jedenfalls kein missbrauchtes Wort. Inzwischen ist es zu einer öffentlichen »Zeitbombe« geworden.

Sind die teuersten Manager auch die besten? Gibt es einen Zusammenhang zwischen Einkommenshöhe und Führungsqualität? Bringt der Markt tatsächlich die Besten in die richtigen Positionen?

Solange die Börse florierte und bevor die Skandale sichtbar wurden, konnte man eine entsprechende Argumentation vielleicht noch vertreten, obwohl es seit langem und ganz unabhängig von den jüngsten Übertreibungen fundierte Zweifel und Kritik gibt. Nachdem die Skandale ans Licht gekommen sind, kann das Argument, die Teuersten seien die Besten, nicht mehr aufrechterhalten werden.

Zweifellos müssen gute Leute gut, ja sehr gut, bezahlt werden.

Umgekehrt erbringen gut bezahlte Leute aber nicht automatisch gute Leistung. Warum sollten billigere Kräfte ihre Aufgaben nicht sogar besser machen als die teuren?

Wären die exzessiv bezahlten Spitzenmanager von Enron bis Worldcom ihren Firmen erspart geblieben, hätte man nicht nur jede Menge Geld eingespart, sondern mit großer Wahrscheinlichkeit würden die Firmen heute noch existieren. Noch schlechter, als die gerühmten Großverdiener es taten, hätte niemand diese Unternehmen geführt. Ein zerrüttetes Unternehmen oder einen Konkurs kann man auch für weniger hohe Löhne haben.

Es ist schlichtweg ein unbewiesenes Dogma, dass hohes Einkommen auch große Leistung, gar Spitzenleistung bedeutet. Für das Gegenteil aber gibt es ausreichend viele Beispiele, um sie ernst zu nehmen. Kein bedeutender Politiker ist jemals wegen des Geldes Politiker geworden. Deutsche Kanzler, Schweizer Bundesräte und amerikanische Präsidenten werden relativ schlecht bezahlt, obwohl sich darunter, wenn auch nicht nur, so doch viele höchstqualifizierte Personen finden. Dasselbe gilt für Wissenschaftler, Spitzenbeamte und hohe Militärs. Auch unter den wegen ihrer Einkommen häufig kritisierten Medizinern gibt es gar nicht so wenige hochkompetente und hochrangige Spezialisten, die ihre Leistung nicht in Geld messen.

Wenn angesehenere Positionen automatisch in mehr Geld gemessen werden, dann ist es nicht zu vermeiden, dass sich unter den an die Spitze drängenden Personen immer mehr vorwiegend geldgetriebene Leute finden. Je mehr diese auch tatsächlich an die Spitze kommen, umso mehr wird die Organisation selbst geldgetrieben sein. Geldgetriebenheit bedeutet aber nicht dasselbe wie Gewinnorientierung. Enron und Worldcom machten bekanntlich keine Gewinne; sie waren nur geldgetrieben.

Managereinkommen und horrende Bonuszahlungen, selbst in Fällen von drastischem Versagen von Führungskräften, sind inzwischen zu einer öffentlichen Frage von wirtschaftlicher Moral und Ethik geworden. Zwar ist die Empörung verständlich, Lösungen erwachsen daraus aber kaum, denn Managereinkommen sind kein Problem der Sittenlehre. Auch weithin geforderte allgemeine Regelungen durch den Staat sind wegen der unterschiedlichen Geschäfts- und Konkurrenzbedingungen von Unternehmen kaum praktikabel.

Hingegen sind unternehmensindividuelle Begrenzungen möglich und nötig. Lösungen dafür können schnell gefunden werden, wenn man ein Verhältnis zwischen niedrigsten und höchsten Einkommen festlegt und außerdem Manager nicht, wie bisher, für die Vergangenheit bezahlt, sondern für die Zukunft.

Peter Drucker hat schon vor Jahren über einen bemerkenswerten Fall berichtet. Der US-Tycoon John P. Morgan, eine der größten Gründergestalten Amerikas und einer der überzeugtesten Kapitalisten, ließ zu Beginn des 20. Jahrhunderts eine Untersuchung in seinem Firmenimperium machen. Er wollte wissen, worin die Unterschiede zwischen seinen erfolgreichen Firmen und den nicht erfolgreichen lagen. Das Ergebnis war, dass es nur eine einzige Größe gab, welche die erfolgreichen Firmen von den erfolglosen unterschied: Es war die Differenz zwischen den jeweiligen Einkommensstufen im Unternehmen. In den erfolgreichen Firmen betrug diese Differenz von Stufe zu Stufe nicht mehr als 30 Prozent, während in den erfolglosen Unternehmen diese Proportion ausnahmslos aus dem Ruder gelaufen war. J.P. Morgan hat dieses Verhältnis anschließend überall entsprechend angepasst.

Man kann heute, 100 Jahre später, die Proportion sicher großzügiger bemessen, insbesondere im Erfolgsfall. Und für die Spitzenleistung soll auch der Spitzenbonus ausgerichtet werden. Aber ich habe noch keinen Finanzanalysten, auch keinen Personalvermittler, gefunden, der auf diesen Faktor geachtet hätte, um Leistung von Nicht-Leistung zu unterscheiden. Und vielleicht macht es auch Verwaltungs- und Aufsichtsräte nachdenklich, dass immerhin einer der Großmeister des Kapitalismus eine klare Vorstellung von Einkommensbemessung hatte.

Wissensmanagement

Es ist etwas leiser geworden um eines der schillerndsten Modewörter der New Economy: »Wissensmanagement«. Was aber keineswegs heißt, dass es aus der Mode gekommen wäre. Nur wenige Führungskräfte dürften den Mut haben, öffentlich zuzugeben, dass sie – wie vermutlich 99 Prozent aller Manager – nichts davon verstehen oder an der Brauchbarkeit der gemachten Vorschläge zweifeln. Einmal mehr ist ein Tummelplatz für IT-Spezialisten, Berater und Trainer entstanden, die damit ihre eigene Existenz zu rechtfertigen versuchen, ohne dafür Verantwortung und Aufwand tragen zu müssen.

Jeder Führungskraft muss dringend empfohlen werden, realistisch zu bleiben und genau zu prüfen, wie es mit den »Kleidern dieses Kaisers« bestellt ist. Man kommt schnell dahinter, dass der Kaiser nicht nur nackt, sondern dass er gar kein Kaiser ist. Wie so oft verstellen Irrlehren, Angeberei, Bluff und Etikettenschwindel den vernünftigen Umgang mit Wissen als einem der Schlüssel-Ressourcen der Wirtschaft.

Wenn man einmal den Lärm abstellt und der Sache auf den Grund geht, stellt sich heraus, dass das, was als Wissensmanagement bezeichnet wird, in Wahrheit etwas ganz anderes ist, nämlich Daten-, Informations- und Dokumentenmanagement. Fortschritte auf diesen Gebieten sind klarerweise nützlich und willkommen. Es ist hilfreich, wenn Dokumente, wie auch immer sie heißen mögen, besser und übersichtlicher verwaltet werden können; wenn man sie leichter und in mehr Situationen einer größeren Zahl von Personen und vor allem den richtigen Personen verfügbar machen kann. Das sind neue und bessere Formen der Archivierung und des Wiederfindens, aber längst kein Wissensmanagement.

Klar zeigt sich das im Internet, das zwar riesige Dokumentenberge enthält, aber entschieden kein System von Wissen ist. Dabei ist das »Retrieval-Problem«, also das Finden von Dokumenten, für den, der etwas sucht, nicht nur nicht gelöst, es wird mit dem Wachstum des Internets sogar ständig schwieriger. Auch die leistungsfähigsten Suchmaschinen finden längst nicht alles; dennoch bekommt man selbst mit vergleichsweise geringen Suchleistungen typischerweise Zehn- oder Hunderttausende von Suchergebnissen. Was soll man mit ihnen anfangen? Nicht einmal auf Relevanz kann man sie prüfen, ganz zu schweigen davon, dass man auch nur Bruchteile ihres Inhaltes in irgendeinem vernünftigen Sinne wissen könnte. Hier von Wissensmanagement zu reden, ist schierer Unfug.

Wissen ist etwas, was beim derzeitigen Stand nichts mit Computern und IT zu tun hat, sondern mit Gehirnen und mehr noch mit Verstand und Vernunft. Wissen ist etwas, was seinen Ort, salopp formuliert, zwischen zwei Ohren hat und nicht zwischen zwei Modems.

Die Wissenschaften, die sich am intensivsten mit dem befasst haben, was man am ehesten als Wissensmanagement bezeichnen könnte, werden in der Diskussion über Wissensmanagement am wenigsten, ja überhaupt nicht beachtet. Es sind die Pädagogik, die Lern- und Kognitionspsychologie, die Neurowissenschaften, die Kybernetik und Teile der Philosophie. Wollte man also fündig werden, müsste man auf deren Ergebnisse abstellen und diese weiterentwickeln. Stattdessen wird, bezeichnend für so vieles, was sich im Management breitmacht, auf naive Weise bei Adam und Eva begonnen – meistens bleibt man dort auch stecken oder münzt einfach die Begriffe um und spricht statt von Daten und Information nun von Wissen. Damit ist nichts gewonnen.

Wie verändern Menschen ihr Wissen? Man kann lernen und lehren, verstehen und begreifen, vermitteln und aufnehmen, vergessen und erinnern. Das alles hat mit Wissen zu tun. Denken ist der wohl wichtigste Teil von Wissensmanagement, nachdenken, manchmal vielleicht auch vordenken, und hoffentlich denkt man richtig – im Sinne des logischen Schließens. Das alles sind Elemente des Umgangs mit Wissen. Dazu kommt wohl auch das Sinnen und Erkennen, das Forschen, Entdecken und Erfinden, und das kann, vielleicht und hoffentlich, noch viel besser als bisher gemacht werden.

Man kann zu all dem auch »managen« sagen, womit ungefähr so viel gewonnen ist, wie wenn man das Kochen als »Food Management« bezeichnet, die Aufführung einer Beethoven-Symphonie als »Sound Management« und die Malerei Monets oder Cézannes als »Pinselmanagement«.

Man beginnt also mit der falschen Problemstellung, denn Wissen als solches kann man nicht managen. Niemand hat das klarer gesehen als der Mann, der als Erster die Bedeutung von Wissen für die moderne Gesellschaft erkannt hat, der die Begriffe der »Wissensgesellschaft« und des »Wissensarbeiters« geprägt hat. Es ist Peter F. Drucker. Er hat dies nicht im Kontext der New Economy und der IT-Euphorie getan, sondern bereits 1969 (!) in seinem Buch »The Age of Discontinuity«[13]. Bis heute findet sich bezeichnenderweise in keiner seiner Schriften der Begriff »Wissensmanagement«, weil Drucker viel zu gut weiß, dass man Wissen nicht in einem vernünftigen Wortsinn managen kann.

Was man managen kann und muss, ist nicht Wissen, sondern erstens das Arbeiten mit Wissen und zweitens die Personen, die das tun, nämlich die Wissensarbeiter. Wissen, Wissensarbeit und Wissensarbeiter sind keineswegs dasselbe. Management in diesem Zusammenhang kann erst vernünftig eingesetzt werden und zu Resultaten führen, wenn man das sauber unterscheidet.

Wissen ist, und hier besteht Konsens, die wichtigste Ressource einer entwickelten Wirtschaft, und für manche Branchen ist es schon heute die einzige. Wem es gelingt, über Daten-, Informations- und Dokumentenmanagement hinauszukommen, wird einen kaum zu parierenden Konkurrenzvorteil erreichen. Dazu muss man Wissen produktiv machen. Das gelingt nicht durch Zauberformeln, sondern nur durch das Management der Wissensarbeit und des Wissens- oder besser Kopfarbeiters.

Erst wenn das verstanden ist, kann man jene Formen der Kommunikation nutzen, die tatsächlich zur bestmöglichen Nutzung vorhandenen Wissens führen. Dafür braucht man keine Computer, sondern vielmehr spezielle Anordnungen der zwischenmenschlichen Kommunikation, also Kommunikationssysteme. Der Beginn ihrer Untersuchung fällt zusammen mit der Entstehung und Entwicklung der modernen Kybernetik, deren Fundamente mit den legendären Josiah-Macy-Diskussionen in den 1940er Jahren gelegt wurden. Zu den herausragenden Pionieren gehören Alex Bavelas und Heinz von Foerster.

Der Kulminationspunkt wurde mit der Syntegrationsmethode erreicht, die Anfang der 1990er Jahre von Stafford Beer in seinem Buch »Beyond Dispute«[14] entwickelt wurde. Damit wurde die Frage gelöst, welche Maximalzahl von Personen sich mit welcher

Maximalzahl von Themen so befassen kann, dass (mathematisch) nachweislich das gesamte vorhandene Wissen genutzt wird. Es ist das bisher leistungsfähigste Verfahren zur Lösung von komplexen Problemen in Organisationen. Der gezielte Einsatz dieser Methode wird sich als wesentlicher Faktor in der Konkurrenz um immer leistungsfähigere Organisationen und um die Nutzung immer größerer Komplexität erweisen.

Topmanagement-Teams

Gerade auch wieder in der jüngsten Zeit haben die Exzesse und Skandale auf der Topmanagement-Ebene dazu geführt, dass das Wort »Topmanagement« in Verruf geraten ist. Bildlich gesprochen, wird es nur noch mit »spitzen Fingern« angefasst. Hierbei handelt es sich um eine gefährliche Entwicklung, denn kaum etwas ist wichtiger als eine funktionierende Unternehmensspitze. Die Arbeit der Unternehmensspitze ist in der Regel schon in kleinen, erst recht in großen Unternehmen so komplex, dass die Fähigkeiten hoch qualifizierter einzelner Personen nicht ausreichen. Die Arbeit im Topmanagement ist daher fast immer Teamarbeit. Aus diesem Grund ist das aus den USA als vermeintlicher Fortschritt eingeführte CEO-Prinzip tatsächlich ein gefährlicher Rückschritt.

Funktionierende exekutive Topmanagement-Teams sind, entgegen der Zeitgeistmeinung, nicht durch spezielle Gefühlsdimensionen geprägt, auch nicht durch die viel beschworenen »Kulturen« oder die regelmäßig geforderte »Chemie«. Das Geheimnis wirksamer Spitzenteams ist die Einhaltung von Grundsätzen und Regeln, auf die man sich geeinigt hat. Wo immer man das Versagen eines Topmanagement-Teams genauer untersucht, zeigt sich, dass eine der wesentlichen und häufigen Ursachen in der Unkenntnis dieser Tatsache liegt.

Drei Grundsätze

Erster Grundsatz ist, dass die Aufgaben des Exekutivteams klar sein müssen. Ein Team ist weder ein Ort der Selbstverwirklichung noch ein solcher des demokratischen Konsensdiskurses, wie manche das formulieren. Teams braucht man dort, wo Aufgaben zu erfüllen sind, welche die Kraft und Fähigkeiten von Einzelnen übersteigen. In anderen Fällen können wir uns die Umständlichkeiten ersparen, die mit Teams typischerweise verbunden sind. Klarheit der Aufgaben zu fordern mag überflüssig oder banal erscheinen. Tatsache ist, dass diese Forderung nur selten Erfüllung findet.

Der zweite Grundsatz ist, dass wirksame Teams eine präzise Arbeitsteilung haben müssen. Die Aufgaben werden zwar koordiniert erfüllt, aber nicht gemeinsam im engeren Sinne. Jeder erledigt seinen Teil der Aufgabe; alle anderen müssen wissen, welcher das ist, und müssen sich darauf verlassen können. Daher findet man in guten Teams durchdachte und präzise formulierte Geschäftsordnungen, in denen geregelt ist, wer wofür zuständig ist.

Der dritte Grundsatz arbeitsfähiger Topteams ist rasch formuliert: Es ist strikte Disziplin. Disziplinlosigkeit ist Gift für jede Art von Team, und zwar nicht nur im Management und nicht nur an der Unternehmensspitze. Dort wirkt sich das Fehlen von Disziplin aber am schädlichsten aus. Disziplin umfasst unter anderem Verzicht auf Personenkult und Eitelkeit, und sie schließt ein, dass persönliche Ziele den Zielen des Unternehmens im Zweifel untergeordnet werden. Solange die beiden Zielkategorien nicht im Widerspruch stehen, gibt es keine Probleme. Wer ein Unternehmen oder irgendeine andere Organisation als Vehikel für die Erreichung seiner persönlichen Ziele missbraucht, stellt ein Risiko dar.

Sechs Regeln

Nebst diesen Grundsätzen befolgt man in funktionsfähigen Teams ein paar Regeln.[15] Es sind deren sechs.

Erstens hat jedes Mitglied eines Topmanagement-Teams das letzte Wort in seinem Verantwortungsbereich, spricht für und verpflichtet das ganze Team.

Zweitens trifft keiner eine Entscheidung in einem anderen Verantwortungsgebiet. Diese beiden Regeln bedingen und ergänzen sich gegenseitig. Sie schaffen Klarheit und Geschwindigkeit und garantieren Handlungsfähigkeit. Verstöße gegen diese zwei Regeln stiften in einer Organisation nicht nur hoffnungslos Konfusion und paralysieren ihre Effektivität, sondern führen unweigerlich zu Machtkämpfen.

Drittens: Bestimmte Entscheidungen müssen dem Team als Ganzem vorbehalten sein. Diese Regel dient der Sicherung gegen den Missbrauch der ersten beiden Regeln, die ohne ein Korrektiv zur Entstehung »feudaler Fürstentümer« innerhalb einer Organisation – und über kurz oder lang zum Zerfall des Teams – führen. Schnelligkeit und Handlungsfähigkeit sind wichtig, müssen aber in den Dienst des Ganzen gestellt sein. Daher bedürfen gewisse Entscheidungen der Zustimmung aller. Typische Fälle etwa sind Akquisitionen und Allianzen, große Innovationen oder kritische Personalentscheidungen.

Die *vierte* Regel ist, dass es außerhalb des Teams keinerlei Qualifikation von Teammitgliedern durch andere Mitglieder gibt. Die

Mitglieder eines Teams müssen sich nicht mögen. Es darf aber keinerlei Agitation geben. Diese Regel gilt nach außen. Innerhalb eines Teams mag es heftige Auseinandersetzungen geben. Das ist kaum zu vermeiden, wenn es um lebenswichtige und riskante Entscheidungen für das Ganze geht. Nach außen hat man keine Meinung zu seinen Kollegen. Man qualifiziert sie nicht, nicht einmal durch Lob.

Die *fünfte* Regel: Jedes Teammitglied ist verpflichtet, alle anderen Mitglieder über alles informiert zu halten, was in seinem Verantwortungsbereich vor sich geht. Auch das ist ein Korrektiv zu Regel eins. Wenn schon autonome Entscheidungsbefugnis in jedem Verantwortungsbereich, dann muss auch volle Information an alle anderen gewährleistet sein.

Sechstens: Ein funktionierendes Team ist entgegen einer weit verbreiteten Auffassung keine Gruppe von Gleichberechtigten und Gleichgestellten, selbst wenn die Rechtsordnung das formal vorsieht. Teams haben nichts mit Demokratie zu tun, sondern mit Wirksamkeit. Jeder Einzelne ist Mitglied eines Teams, weil er dort einen bestimmten Beitrag zu leisten hat. Daher haben funktionierende Teams eine innere Struktur, und sie haben auch eine Leitung. Die erste und vornehmste Aufgabe eines Teamleiters im Topmanagement, wie auch immer seine Bezeichnung sein mag, besteht darin, für die strikte Einhaltung der Regeln zu sorgen.

Insofern diese Grundsätze und Regeln eingehalten werden, ist die ständig zitierte »Chemie« weitgehend bedeutungslos. Ist sie in Ordnung, umso besser; wenn nicht, haben wir trotzdem ein funktionsfähiges Team – nicht wegen der »Chemie«, sondern wegen der Regeln. Kein vernünftiger Mensch überlässt eine Organisation den Zufälligkeiten der »Chemie«.

Coaching

Manager sollen enabeln, empowern, supporten. Sie sollen Koordinatoren, Kommunikatoren, Kultivatoren und Katalysatoren sein, natürlich auch Motivatoren, Moderatoren, Mentoren und Mediatoren. Nur eines wird kaum noch gesagt: dass Führungskräfte führen sollen…

Besonders hoch in der Rangliste der Rollenveränderungen im Management steht das »Coaching«. In der Zeit der postmodernen sprachlichen Beliebigkeit ist häufig nicht einfach zu erkennen, was darunter zu verstehen ist. Jeder kann daraus mangels begrifflicher Präzision machen, was er will.

Die Grundidee wird meistens schnell klar: Im allgemeinen Verständnis ist ein Coach jemand, der weiß, was für andere Leute gut ist, für solche, die in eigener Sache einen Mangel an Urteils- und Entschlusskraft zu haben scheinen. So braucht offenbar jeder, der etwas auf sich halten oder jemand sein will, aber nicht so recht weiß, wie er es anstellen soll, seinen Personal Coach: für seine Fitness (weil er sich aus eigenem Antrieb nicht bewegen zu können scheint), für seine Personality (weil es ihm an Selbstvertrauen fehlt), für das Styling (weil er sich auf seinen Geschmack nicht zu verlassen traut) und für das psychisch-spirituelle Wohlbefinden (weil er sein Leben lieber nach anderer Leute Maßstab führt, statt es selbst zu verantworten). Das mag privat jeder für sich halten, wie er will. In der Führung von Organisationen hat es keinen Platz.

Das Handeln von Führungskräften hat viele Facetten. In den meisten Führungssituationen sind auch die Elemente der Betreuung und Beratung, des Helfens und Unterstützens, des Moderierens und Anleitens wichtig. Es steht außer Diskussion, dass Menschen in Organisationen diese Dimensionen der Führung gelegentlich brauchen, um Leistung zu erbringen, mit Schwierigkeiten fertig zu werden und Tiefschläge zu überwinden.

Das alles ist aber nicht wesentlich für die Funktion von Management. Führungskräfte haben in erster Linie zu führen. Die Aufgabe von Managern ist es, Resultate zu erzielen und damit den Zweck ihres Unternehmens zu verwirklichen. Das ist der einzige Grund, weswegen man sie braucht, und dafür werden sie bezahlt. Dazu müssen sie die Stärken der Menschen nutzen, um es ihnen auf diesem Wege zu ermöglichen, eine Leistung für das Unternehmen zu erbringen.

Nicht die Veränderung von Menschen und auch nicht die Beseitigung ihrer Schwächen ist Aufgabe der Führung, sondern die Transformation von Stärken in Ergebnisse.

Management ist der Beruf der Wirksamkeit. Es sind nicht Klugheit, Intelligenz, Erfahrung, Emotion, Vision oder Talente, die zählen, sondern ausschließlich das, was man mit ihnen bewirkt und aus ihnen macht. Management ist die Erfüllung klar definierter Aufgaben; sie bestimmen sich aus Disziplin, Leistung und Verantwortung.

Das mag man als Zugeständnis an den Zeitgeist auch »Coaching« nennen. Gewonnen ist damit allerdings nichts, es führt nur zu Begriffsverwirrung und Etikettenschwindel. Zudem nimmt es dem Coaching dort seine Funktion, wo es durchaus angebracht ist: im speziellen Einzelfall. Als genereller Ersatz für Führung kann es aber keinesfalls fungieren.

Außerhalb des Unternehmens und im Privatleben kann man das anders sehen. Dort mag Management überflüssig, ja sogar störend sein.

Führung ist das unverzichtbare gestaltende und bewegende Organ im Unternehmen und in Organisationen der Gesellschaft, die Resultate erzielen müssen. Das mag so lange nicht als wichtig angesehen werden, als gute Zeiten vorherrschen, die Geschäfte von allein laufen und es keine Schwierigkeiten gibt. Weder ist das aber typisch für die Wirtschaft, noch ist es ein Maßstab für die Qualität der Führung. Management muss sich unter »Schlechtwetterbedingungen« bewähren, es muss auf die Anforderungen des schwierigsten, härtesten Falles ausgerichtet sein. Solange alles gut geht, braucht man keine Führungskräfte. Dann genügen auch Moderatoren, Betreuer, Koordinatoren, Katalysatoren und Coaches. Das sind Erscheinungen, die in guten Zeiten als Folge lange anhaltender Wohlstandssteigerung auftreten – durchaus sympathisch, in Wahrheit jedoch Luxus, den man genießt, solange man ihn sich leisten kann.

Innovation

Dass Innovation wichtig ist, braucht man kaum zu betonen, die Zukunft fast aller Unternehmen hängt davon ab. Dass aber die meisten Innovationsversuche scheitern, kann nicht oft genug gesagt werden. Acht von zehn Innovationen misslingen – mit horrenden Kosten.

Der Hauptgrund dafür ist, dass in den meisten Unternehmen zwar viel Innovationsromantik existiert, aber wenig Innovationsprofessionalismus. Die meisten Manager beherrschen das Handwerk nicht. Jede Innovation ist eine »Expedition in Neuland«, eine »alpinistische Erstbesteigung«, behandelt werden sie jedoch meistens als »Osterspaziergänge«.

Zunächst ist die Ausmerzung weit verbreiteter Irrlehren und Missverständnisse erforderlich.

Die erste Irrlehre ist die Meinung, Innovationen entstünden im Forschungslaboratorium oder in der Entwicklungsabteilung. Was dort entsteht, sind nicht Innovationen, sondern Ideen, vielleicht auch Prototypen und experimentelle Ergebnisse. Innovation hingegen muss kompromisslos vom Markt her definiert werden.

Erst wenn sich Vermarktungserfolge abzeichnen, darf man sich und seinen Mitarbeitern erlauben, von Innovation zu sprechen. Nur diese Sicht ermöglicht es, die richtigen Strategien zu wählen sowie Zeit- und Geldaufwand einigermaßen vernünftig abzuschätzen. Die wesentliche Frage ist nicht: »Was haben wir Neues entwickelt, erfunden oder entdeckt?« Die Schlüsselfrage muss lauten: »Was wäre zu tun, und was ist erforderlich, um diese Entwicklung, Erfindung oder Entdeckung erfolgreich in den Markt zu bringen?«

Die zweite Irrlehre ist die Meinung, Kreativität sei wichtig. Als Folge dessen wird Kreativität als prominente Eigenschaft von Führungskräften gefordert, werden Kreativitätstrainings in den Unternehmen durchgeführt und Kreativitätsmethoden angewandt. Offensichtlich glaubt man, es bestehe ein Mangel an Ideen. Nicht an Ideen mangelt es, sondern an realisierten Ideen. Selbst die »unkreativsten« Unternehmen haben um Faktoren mehr Ideen, als sie jemals realisieren.

Ideen generieren ist etwas völlig anderes als Ideen realisieren. Nur das ist Innovation. Die Idee ist zwar nicht unwichtig, aber sie ist das vergleichsweise Unwichtigste, Billigste und Einfachste. Nach der Idee muss ein funktionierender Prototyp entwickelt oder es müssen klinische Tests durchgeführt werden. Dies verursacht bereits wesentlich mehr an Aufwand, und es dauert viel länger. Danach muss die Entwicklung zur Serienreife gebracht werden, mit wiederum erheblich größerem Aufwand. Und schließlich muss zumindest noch die Vermarktungsphase begonnen werden. Man kann davon ausgehen, dass jeder Folgeschritt das Zehnfache an Aufwand verursacht.

Der dritte Irrglaube ist die Auffassung, nur kleine Unternehmen seien innovativ. Es ist Mode, die Schwerfälligkeit der Großkonzerne zu kritisieren und die Vorzüge der kleinen Einheiten zu loben. Kleine Unternehmen können vieles, was die großen nicht können, Innovieren gehört aber nicht dazu. Kleine Einheiten sind oft kreativer, sie tun sich leichter mit Ideen und kommen zügig bis zur Prototyp-Phase. Dann aber sind sie meistens am Ende ihrer Kräfte.

Kleine Unternehmen haben zwei Probleme: Sie sind schlecht finanziert und häufig dilettantisch geführt. Daher sind viele kleine, angeblich innovative Unternehmen in Wahrheit nichts anderes als interessante Übernahmekandidaten für die großen. Kleine Unternehmen sind gute Sprinter, aber schlechte Finalisierer. Wirksame Innovation ist ein Langstreckenlauf, eine Ausdauerdisziplin, bei der es auf die Kräfte in der zweiten Hälfte ankommt.

Ein vierter Aberglaube ist die Vorstellung, Innovation habe immer oder vorzugsweise mit Hochtechnologien zu tun. Die Faszination von Technologie und die Fixierung darauf produzieren eine kollektive Irreführung. Wir werden in Zukunft zweifellos etwas mehr High-Tech haben, und es gibt Firmen, die sich damit besonders befassen müssen. Aber das ist längst nicht für alle wesentlich. Man übersieht aufgrund dieser Faszination die viel zahlreicheren Möglichkeiten, die es auf den nicht-technologischen Gebieten gibt, die lukrative Geschäftsmöglichkeiten mit geringeren Risiken und weniger Aufwand bieten.

Der fünfte und gefährlichste Irrtum ist die Meinung, zum Innovieren brauche man einen speziellen Persönlichkeitstyp: den initiativen, kreativen, unternehmerischen, risikofreudigen Pionier. Es gibt solche Leute, aber sie sind selten. Schaut man sich die angeblichen Pioniere genauer an, stellt sich fast immer heraus, dass sie im Nachhinein zu solchen hochstilisiert wurden, durch heroisierende Biografien oder Medienberichte.

Die meisten Pioniere waren in Wahrheit ganz gewöhnliche Menschen. Sie wurden, bevor ihr Erfolg augenfällig war, von ihrer Umgebung eher als Spinner und komische Käuze angesehen. Sie hatten nichts vom strahlenden »Innovator«. Aber sie hatten meistens eines: eine systematische Arbeitsweise. Sie haben das Handwerk beherrscht. Darüber wird in den Biografien fast nie geschrieben, aber das ist es, was man von ihnen lernen kann.

Kultur

Die Kernaussage nehme ich vorweg: Schlechtes Management ist kulturabhängig; gutes ist es kaum.

Der Gedanke, dass die Art von Management abhängig sei von speziellen Kulturaspekten, ist zwar naheliegend und plausibel, aber wie fast überall im Management ist Plausibilität auch hier ein schlechter Wegweiser. Die Idee von der Kulturabhängigkeit, und somit der Schluss auf die Notwendigkeit von inter- und multikulturellem Management, ist bestenfalls eine Halbwahrheit.

Zum Thema »Kulturabhängigkeit« gibt es eine Flut von Publikationen; Ausbildungsprogramme werden reichlich angeboten, und diese sind – wie immer bei Managementmoden – sehr schnell auf dem Markt. Grund zur Skepsis liefert allein die Geschwindigkeit, mit der manche Leute – von denen man vorher zu diesem Thema nie etwas gehört hat – plötzlich als Experten auftreten.

Als Folge einer verbreiteten, häufig aber bemerkenswert oberflächlichen Befassung mit Unternehmenskultur sind Irrlehren entstanden, die der Managementpraxis schaden. Durch die Globalisierungsdiskussion wurde die Fehlentwicklung noch deutlich verschärft.

Das Grundübel ist, dass einige wichtige Unterscheidungen nicht gemacht werden:

Es wird, erstens, nicht zwischen gutem und schlechtem Management unterschieden. Zweitens wird nicht zwischen dem »Was« und dem »Wie« von Management unterschieden. Drittens gibt es einen Fehlschluss vom geografischen Operationsbereich eines Unternehmens auf die Art seines Managements.

Wenn man gutes Management von schlechtem unterscheidet, wird man schnell feststellen:

Das »Was« richtiger Führung ist in allen Kulturen sehr ähnlich. Was professionelle Führungskräfte tun, unterscheidet sich kaum. Der Grund dafür ist einfach: Was zu tun ist, ergibt sich zwingend aus den Anforderungen einer funktionierenden Organisation. Deshalb sind diese Manager wirksam, egal welcher Kultur sie angehören.

»Wie« etwas allerdings getan wird, kann sehr verschieden sein und ist es meistens auch. Unter anderem hängt die Art, wie Aufgaben erfüllt werden, wie Menschen sich verhalten, von ihrer Kultur ab, aber im Falle von Führungskräften keineswegs nur von dieser. Mindestens so prägend sind die Branche und die spezifische Geschäftstätigkeit eines Unternehmens oder auch die besonderen demografischen oder sozialen Gegebenheiten, wie etwa der Bildungsgrad der Menschen.

In jeder gut geführten Organisation – nicht hingegen in den schlecht geführten – findet man zum Beispiel klare Ziele und eine funktionierende Kontrolle, unabhängig davon, ob es sich um eine italienische, spanische oder chinesische Organisation handelt. Wie man zu Zielen kommt und wie man kontrolliert, kann in den einzelnen Kulturen äußerlich Unterschiede aufweisen. Ebenso findet man in gut geführten Organisationen effektive Sitzungen, durchdachte Kommunikationssysteme, effizientes Arbeiten, Leistungsqualifikation und systematische Nachwuchsförderung. Die Erscheinungsformen sind variantenreich. Der Zweck ist gleich.

Selbst wenn man Kultur nicht, wie in diesem Beispiel, ethnisch oder national definiert, sondern nach anderen Kriterien, gilt dasselbe: Ob wissens- oder arbeitsintensive Organisationen, Mode- oder Technikbranchen, Investitions- oder Verbrauchsgüter – das »Was« guten Managements ist gleich; das »Wie« kann verschieden sein.

Unterschiede ergeben sich nicht aus der Kultur, sondern aus Besonderheiten von Branche, Produkt und Kunden. Der Begriff der Kultur ist somit nicht einfach den nationalen oder ethnischen Besonderheiten zuzuordnen, wie häufig vorzufinden. Wie man sieht, gibt es mehr und andere Dimensionen.

Falsche Erkenntnisse – irreführende Lösungsansätze

Die unzureichende Unterscheidung von »Was« und »Wie« im Management verleitet viele zur Postulierung unterschiedlicher, eben kulturabhängiger Arten von Management. Diese Erklärungsversuche tragen weniger zu besserem Verständnis als zu weiterer Konfusion bei.

Zum Teil werden Unterschiedlichkeiten unnötig übertrieben dargestellt; zum Teil liegt es an mangelhafter Beobachtung und fehlenden Kenntnissen über Management, wenn die äußere Form mit der Substanz verwechselt wird.

Typische Beispiele sind die maßlosen Übertreibungen, die von Mitte der 1980er Jahre bis etwa Mitte der 1990er Jahre in Zusammenhang mit japanischem Management gemacht wurden. Danach, als die Krise Japans für jeden sichtbar wurde, zeigte sich klar, was von echten Kennern Japans immer schon vertreten worden war: dass, erstens, japanisches Management keineswegs dem westlichen kulturbedingt – und damit wesensgemäß – überlegen ist, wie viele behaupteten, und zweitens, dass die nachhaltig gut funktionierenden japanischen Unternehmen nach sehr ähnlichen Gesichtspunkten wie andernorts geführt werden.

Es gibt keinen Grund, großes Aufheben über inter- oder multikulturelles Management zu machen. Selbstverständlich gelten in jedem Land bestimmte Sitten und Gebräuche, die man als Grundlage elementarer Höflichkeit zu kennen und zu respektieren hat. Das hat wenig mit Management zu tun. Ein Minimum an guter Kinderstube, Anstand und Kultiviertheit, die das Ergebnis einer den Namen verdienenden Erziehung ist, muss man von Mitarbeitern und Führungskräften erwarten. Dass man das längst nicht mehr als selbstverständlich voraussetzen darf, im Wesentlichen wohl als Folge der stark gewachsenen Zahl von Managern, die eine moderne Gesellschaft braucht, gebe ich gerne zu. Aber deswegen, weil es auch in höheren Positionen Leute mit Erziehungsmängeln gibt, von anderen Arten von Management zu sprechen, scheint mir ein Fehler zu sein.

Eine ähnlich irreführende Auffassung entstand zu »internationalem« Management. Weder dieses noch das Gegenteil, nämlich nationales Management, hat es je irgendwo gegeben, wenn man genauer hinsieht.

Was es hingegen gibt und immer schon gegeben hat, sind Unternehmen mit unterschiedlichen Tätigkeitsprofilen in geografischer Beziehung, also national oder international operierende Unternehmen. Im zweiten Fall sind Kenntnisse der Sprachen, der Sitten und Gebräuche und der lokalen Verhältnisse selbstverständlich erforderlich. Aber auch das hat weniger mit Management als solchem zu tun, sondern mit dem speziellen Kontext, in dem Management stattfindet. Es hat mit dem Anwendungsfeld von Management zu tun.

Management ist richtig oder falsch, gut oder schlecht, fähig oder unfähig, aber nicht national oder international, mono- oder multikulturell. Es ist genauso wenig nationen- oder kulturabhängig wie richtig ausgeübter Sport.

Die Logik des Fortschrittes

Entscheidend ist, dass es immer viel mehr Möglichkeiten gibt, etwas falsch zu machen, als es richtig zu tun. Falsches Management hat zahlreiche Erscheinungsformen, weil jeder auf seine Weise falsch handeln kann. Richtiges Management hingegen hat eine geringe Variationsbreite.

Wieder eine Analogie zum Sport: Golf wird überall – will man es richtig machen – gleich gespielt, so wie Tennis oder Schach. Man kann Golf zwar auf viele Weisen falsch spielen, aber auf nur eine richtig. Die Regeln der Wirksamkeit und Professionalität von Management sind ebenso überall gleich, wie, um ein anderes Beispiel zu wählen, Sprachregeln: Gutes und richtiges Englisch ist rund um die Welt gleich, weil es eben nur eine Art gibt, Englisch richtig und gut zu sprechen. Der Beweis dafür liegt gerade darin, dass es außer in gewissen Bildungsschichten fast überall grammatisch falsch und in Stil und Aussprache schlecht gesprochen wird. Deswegen aber von inter- oder multikulturellem Englisch – oder, im obigen Beispiel, Golf – zu sprechen, kommt weder den Anglisten noch den Golfprofis in den Sinn.

Daraus ergibt sich eine wichtige wirtschaftliche und zeitliche Konsequenz: Es ist nicht notwendig, Mitarbeitern viele verschiedene Arten von Management zu lehren. Es reicht, wenn eine Art gelehrt wird: nämlich richtiges und gutes Management. Das spart nicht nur Zeit und Kosten, es erhöht vor allem die Professionalität um ein Vielfaches, weil all die Irr- und Umwege vermieden werden.

Die verschiedenen Anwendungsfelder von richtigem Management mögen dann noch Zusatzkenntnisse erfordern, wie Fremdsprachen, regionale Geschichtskenntnisse, die Kenntnis von lokalen Sitten und Gebräuchen. Die Basis aber bildet das einmal erlernte und fortgesetzt perfektionierte Managementwissen als Folge einer guten Ausbildung, die sich auf die entscheidenden Dinge für Professionalität konzentriert und nicht auf Auffassungen, die auf Oberflächlichkeit und zu häufig einem Mangel an Sachverstand beruhen.

Kunde

Die Gefahr des Wortes »Kunde« liegt darin, dass man es geringschätzt und damit das wichtigste Element jedes Unternehmens, seinen Existenzgrund, aus den Augen verliert. Hätte mir jemand zu Beginn der 1990er Jahre gesagt, dass das je passieren würde, hätte ich es nicht glauben können. Unter dem Einfluss der Shareholder-Value-Orientierung ist aber genau das geschehen. Es war der Hauptgrund für zahlreiche Bilanzskandale und Bankrotte sowie für die finanzielle Schieflage vieler Firmen und ihre Sanierungsbedürftigkeit, die mit dem Beginn der Rückgänge an den Börsen ab März 2000 offenkundig wurden.

Durch die Lehre vom Shareholder-Value wurde die exklusive Hinwendung zum Aktionärsinteresse legitimiert und damit de facto die Abkehr vom Kunden und Kundennutzen. Das gab einem bestimmten Persönlichkeitstyp die Möglichkeit, in Spitzenpositionen zu kommen, nämlich jenem Manager, in dessen Denken nur quantifizierbare, ja schlimmer, nur in Geld quantifizierbare Größen wichtig sind. Damit ist es zu einer Epoche verkürzter Unternehmensführung und Eindimensionalität des Managements gekommen.

Alle zuvor erzielten Fortschritte in der Lehre der Unternehmensführung, die eindeutig gezeigt hatte, dass Unternehmen nur als komplexe, vieldimensionale Systeme angemessen verstanden werden können – was wiederum bedeutete, dass Management die Kunst des Balancierens und Abwägens zahlreicher, oft widersprüchlicher Faktoren zu beherrschen hatte – konnten nun ignoriert werden. Unternehmensführung war plötzlich leicht geworden, denn ihren Erfolg konnte man täglich am Börsenkurs ablesen, der für historisch unkundige Leute offenbar naturgesetzlich ständig und unbegrenzt stieg.

In den Wind schlagen konnte man auch die Erkenntnisse der Strategielehre, wonach eine erfolgreiche Strategie darauf auszurichten war, Märkte, und das bedeutet in einer Marktwirtschaft Kunden, erfolgreicher zu bedienen, als die Konkurrenz es konnte. Nun bestand Strategie darin, Deals zu machen sowie die Erwartungen des Börsenpublikums, der Analysten und Medien zu befriedigen.

Niemand, außer Marxisten und Kommunisten, hatte bis dahin die wohldefinierten Interessen und daraus resultierenden Rechte der Aktionäre an Kapitalertrag und -wachstum bestritten. Ebenso klar war aber immer, dass dies nur auf einem Wege erzielbar ist, nämlich dadurch, dass der eigentliche Existenzgrund des Unternehmens, der zufriedene Kunde, im Zentrum der Aufmerksamkeit der Unternehmensführung zu stehen hat.

Die Tätigkeit des Wirtschaftens ist komplex; die Logik des Wirtschaftens ist letztlich einfach: Wer Kunden hat, wird immer auch Kapital bekommen, ob von der Börse oder aus anderen Quellen, ist nicht entscheidend. Aber mit noch so viel Kapital lässt sich, wie die Neuen Märkte gezeigt haben, nicht wirtschaften, wenn man keine Kunden findet. Dass eine Idee Börsenkapital anzuziehen vermag, ist keinerlei Hinweis auf ihre Tauglichkeit für Kunden. Die Kunden, nicht die Aktionäre sind es, die Rechnungen bezahlen. Im übertragenen Sinne bezahlen die Aktionäre erst dann

»die Rechnung«, wenn das Unternehmen in seiner wichtigsten Aufgabe versagt hat: Kunden zu suchen, zu finden und zufrieden zu stellen. Kundenorientierung ist auf die Entstehung, auf die Schaffung der Wirtschaftsleistung gerichtet; Aktionärsorientierung ist auf deren Verteilung gerichtet. Das Erste ist der schwierige Teil der Aufgabe; das Zweite ist einfach.

Wachstum

Neben »Gewinn« ist der zweithäufigste Begriff im Management »Wachstum«. Er ist gefährlich, solange man nicht zwischen richtigem und falschem und zwischen gesundem und krankem Wachstum unterscheidet.

Die meisten Unternehmensstrategien des Neunziger-Booms im letzten Jahrhundert waren radikal falsch. Man kann die Tatsachen nicht beschönigen. Die von Beratern und Managern imposant präsentierten Strategien – gerade auch der jüngeren Zeit – waren der Weg ins Desaster. Die Folgen sind Rückzug an allen Fronten, Kapazitätsabbau, Entlassungen, Bilanzfälschungen, Betrügereien und exzessive Bereicherung zu Lasten von Firmen und Aktionären, mancherorts drohende Illiquidität und Bankrott.

Obwohl sich das Debakel vor aller Augen vollzieht, ist das Denken vieler Manager – auch derer, die als Nachfolger der früheren Versager täglich mit den Scherbenhaufen konfrontiert sind – davon noch nicht berührt. Sie operieren weiter mit denselben falschen Kategorien. Nach den wichtigsten strategischen Zielen gefragt, antworten sie reflexartig: Gewinn und Wachstum.

Wachstum, obwohl unbestritten ein wichtiger unternehmerischer Faktor, ist als strategische Vorgabe falsch und gefährlich. Damit wird ein Unternehmen unweigerlich in den Misserfolg geführt. Wachstum darf nicht Input für die Strategie sein, sondern es ist ihr Output. Es darf nicht als Vorgabe an den Anfang gestellt werden, sondern es ist das Ergebnis gründlichen Durchdenkens des Geschäftes und seiner inneren Gesetzmäßigkeiten. Solange das in den Köpfen der Führungskräfte und der Aufsichtsorgane nicht kompromisslos verankert ist, wird es nur vorübergehende Besserungen geben, und man wird immer wieder dieselben Fehler machen.

Die hohe Schule der Strategieplanung zeigt sich erst, wenn zwischen krankem und gesundem Wachstum unterschieden wird. Wenn ein Zwölfjähriger jedes Jahr ein paar Zentimeter wächst, ist er gesund; wenn ein Fünfzigjähriger das tut, ist er krank. Größe als solche darf nie ein strategisches Ziel sein. Ein Unternehmen muss nicht groß sein, sondern stark. Es gibt keine denkbare Konstellation, in der die Größe eines Unternehmens strategisch wichtig ist. Wer sich an Größe orientiert, erliegt einer optischen Illusion und kann, bildhaft gesprochen, nicht zwischen Muskeln und Fett unterscheiden. Die Irreführung entsteht daraus, dass richtige Strategien zwar fast immer zu Wachstum und letztlich Größe führen, die Umkehrung des Satzes aber nicht gilt. Größe kann auch die Folge falscher Strategien sein.

Größe wird in Umsatzkategorien gemessen und, heute seltener, in Mitarbeiterzahlen. Umsätze kann man, wie die jüngste Vergangenheit zeigt, relativ schnell und leicht vergrößern, wenn man zulässt, dass es auf die falsche Weise geschieht: durch leichtfertige geografische Ausdehnung, Expansion des Sortiments, durch falsche Akquisitionen und Fusionen. Die Folge sind ausnahmslos steigende Komplexität und Rückgang der Ertragskraft. Die absoluten Zahlen steigen, und weil diese sichtbar sind, werden sie als Erfolgsausweis gewertet. Die Relationen hingegen verschlechtern sich, weil diese aber nicht sichtbar sind oder verschleiert werden, bleiben sie unbeachtet.

Es gibt nur zwei Messgrößen, mit denen gesundes von krankem Wachstum zuverlässig unterschieden werden kann.

Der erste Faktor ist die Marktstellung: Größe und Wachstum sind nur dann gesund, wenn sie eine Folge der Verbesserung der Marktstellung sind. Umgekehrt führen Wachstum und Größe für sich keineswegs zur Stärkung der Marktposition.

Der zweite, viel wichtigere Indikator ist die Produktivität. Nur in den besten Unternehmen gibt es dafür ein entwickeltes Instrumentarium. Nach wie vor wird die Produktivität vernachlässigt, falsch definiert und falsch gemessen. Sie ist, als »Total Factor Productivity« definiert, der einzige zuverlässige Wegweiser für die Beurteilung von Wachstum.

Nur wenn mit dem Wachstum der Umsätze auch die Gesamtproduktivität steigt, ist es gesundes Wachstum, das, im medizinischen Bild, zu Muskelkraft und Stärke führt. Stagniert hingegen die Gesamtproduktivität eines wachsenden Unternehmens, dann ist es auf dem Weg zur Fettleibigkeit. Damit kann man bis zu einem gewissen Grade leben. Wenn die Gesamtproduktivität bei Wachstum aber zurückgeht, hat das Unternehmen Krebs. Tumore wachsen schnell – bis der Patient tot ist. Nur in einem sehr frühen Stadium kann das – manchmal – noch korrigiert werden.

Wirtschaftliche Irrtümer

Shareholder

Aufgrund massiver Missverständnisse über das Wirtschaften ist eine schwerwiegende Konfusion entstanden. Die Promotions-Maschinerien der Wallstreet-Industrie haben den Investor »erfunden« und der Welt weisgemacht, er sei ein Unternehmer, gar der Prototyp des neuen, modernen Unternehmers. Was früher bestenfalls als Anleger bezeichnet worden wäre, weit häufiger aber als Spekulant, sollte plötzlich als Maßstab und Richtschnur unternehmerischen Handelns gelten. Das ist eine der entscheidenden Ursachen für die Fehlentwicklung der Wirtschaft in den 1990er Jahren, aber auch der jetzigen Krise.

Jeder Unternehmer ist ein Investor! Aber: Ist jeder Investor auch ein Unternehmer? Durch die Entwicklung an den Börsen und auf den Finanzmärkten wird eine wichtige Unterscheidung in der Wahrnehmung der Öffentlichkeit zunehmend verwischt: der Unterschied zwischen dem Unternehmer-Aktionär und dem Investor-Aktionär. Eigentum an einem Unternehmen und Eigentum an Aktien wird zwar durch dasselbe Papier verbrieft, und juristisch mag es keine Unterschiede geben. Wirtschaftlich und gesellschaftlich könnten die Unterschiede aber nicht größer sein.

Man glaubt, eine neue Form des Kapitalismus erfunden zu haben. Die einen beklagen sie; von den meisten wird sie begrüßt. Wie auch immer man dazu stehen mag – bisher wurde erst die Hälfte der Wahrheit beachtet, und nur diese war wichtig. Nun sind wir schon seit längerem damit befasst, auch die zweite Hälfte zur Kenntnis nehmen zu müssen – in Japan ist es schon lange so weit. Die alte Erfahrung aller Großkapitalisten aller Epochen lautet: »If you can't sell, you have to care ...!« Der Investor operiert auf Zeit; er ist an seinen Papieren interessiert, so lange sie sich rentieren. Unternehmerische Tätigkeit hingegen ist prinzipiell auf Dauer angelegt.

Der Investor-Aktionär gibt bei Schwierigkeiten auf – »he sells«. Und wenn er klug ist, legt er seine Investitionen so an, dass er sich möglichst schnell wieder von ihnen trennen kann. Das gelingt ihm zum Beispiel, wenn er sich nur in sehr liquiden Märkten engagiert, wo er auch große Volumen problemlos verkaufen kann. Der Unternehmer-Aktionär reagiert bei Schwierigkeiten ganz anders: Er kämpft – »he cares«. Aus welchen Gründen er das tut, ist zweitrangig; wichtig ist, dass er es tut.

Der eine kämpft, weil er nicht verkaufen kann. Für den anderen stellt sein Unternehmen mehr und etwas anderes als nur eine Geldmaschine dar, es ist sein Lebenswerk und oft das von Generationen. Ein Dritter kämpft vielleicht, weil er nie mehr in die Abhängigkeit eines Arbeitsverhältnisses geraten will. Wie auch immer, er kämpft, nicht weil er ein Held ist, sondern weil ihm gar nichts anderes übrig bleibt. Die Alternative wäre der wirtschaftliche Untergang.

Der Investor ist an einer Ressource interessiert: an Geld, und diese maximiert er. Die unternehmerische Aufgabe ist zwangsläufig auf mehrere Ressourcen gerichtet; sie ist so definiert, nämlich als Kombination von Ressourcen, die möglichst kreativ und möglichst produktiv balanciert werden muss.

Der Investor-Aktionär ist nur am finanzwirtschaftlichen Ertrag interessiert. Etwas anderes braucht ihn gar nicht zu beschäftigen, höchstens als Indikator, welche Papiere er kaufen soll. Dem Unternehmer-Aktionär ist der Finanzertrag nicht gleichgültig. Er aber muss zwangsläufig an der Leistung und Leistungsfähigkeit des Gesamtunternehmens interessiert sein, also an allen leistungserforderlichen Faktoren, auch wenn ihm das nicht immer passt und nicht immer leichtfällt. Er hat keine andere Wahl.

Für den Investor ist die Börse unabdingbar. Wenn es sie nicht gäbe, könnte er seine Investorziele nicht verfolgen und schon gar nicht erreichen. Er müsste zum Unternehmer mutieren. Der Unternehmer aber braucht keine Börse. Unternehmer gibt es auch ohne Börsen – so wichtig diese in vielerlei Hinsicht sind. Es gab Unternehmer, lange bevor es Börsen gab, ja lange bevor es Banken gab, und es gab sie auch dann, als Börsen und Banken zusammenbrachen und temporär geschlossen wurden. Im Gegensatz zur weit verbreiteten Meinung ist die Börse keineswegs nur ein System zur Kapitalbeschaffung. Sie ist ebenso häufig ein System zur Kapitalvernichtung. In Wahrheit ist sie ein System zur Kapitalbewertung, was keineswegs bedeutet, dass sie richtig bewertet.

Der Investor, insbesondere jener des Shareholder-Value-Typs, tritt nur in Bull-Markets auf. Nur dann kann er die Illusion verbreiten, Werte zu schaffen. In einem Bear-Market dreht sich die Sache um: Der Investor vernichtet – aktiv – Werte und Kapital, weil er nur auf der Short-Seite Gewinn erzielen kann. Je tiefer die Werte fallen, umso mehr Freude kann er an den Leerverkäufen und Verkaufsoptionen haben. Der Unternehmer ist ein wirtschaftlicher Allwettertyp. Er muss unabhängig von der Börse arbeiten. Er schafft gerade dann Werte, wenn die Preise am niedrigsten sind und kein Investor kaufen will.

Stakeholder

Die Leitvorstellungen der neunziger Jahre, Shareholder und Shareholder-Value, haben bereits deutlich an Überzeugungskraft eingebüßt. Langsam macht sich der Verdacht breit, dass es genau diese Vorstellungen und darauf gestützte Unternehmensführung, Unternehmensbeurteilung und Unternehmensbewertung gewesen sein könnten, die zu den verschiedenen Blasen und ihren desaströsen Folgen führten.

Statt eine Denkpause einzulegen und die Sache von Grund auf neu zu durchdenken, wird flugs die nächste Irreführung, der nächste Fehler produziert. Statt Shareholder haben wir nun »Stakeholder«.

Es sei schon richtig, so lautet die Argumentation, dass ein Unternehmen nicht allein im Interesse einer einzigen Interessengruppe, eben der Shareholder, geführt werden soll, man müsse mehrere Interessengruppen berücksichtigen, alle Stakeholder. Mit diesem Wort sind gleich mehrere gefährliche Irrtümer verbunden.

Stakeholder-Orientierung führt zu schlechter Unternehmensführung

Der Stakeholder-Begriff führt in keiner Weise zu einer wirksamen Reform des Shareholder-Value-Denkens. Im Gegenteil kommt es damit zu noch gravierenderen Fehlern in der Unternehmensführung als durch die Shareholder-Orientierung.

Der Stakeholder-Ansatz ist geschichtlich der Vorläufer des Shareholder-Ansatzes. Er wurde 1952 bei General Electric vom damaligen CEO, Ralph Cordiner, als Antwort auf die Frage gegeben: Wem ist das Topmanagement einer Publikumsgesellschaft Rechenschaft schuldig?

So wichtig und richtig die Frage war, so falsch war die Antwort, die Cordiner in Form des von ihm empfohlenen Stakeholder-Ansatzes gegeben hat. Der »Stakeholder-Approach« ist gescheitert, und aus seinem Scheitern ist der vermeintlich bessere Shareholder-Ansatz überhaupt erst entstanden. Sein Erfinder, Alfred Rappaport, glaubte, damit einem faulen Management »Beine machen« zu können.

Niedrige Renditen sollten nicht mehr dadurch begründet werden können, dass man die Interessen aller Stakeholder zu berücksichtigen habe und nicht nur jene einer einzigen Gruppe, eben der Aktionäre. Rappaport und andere erkannten richtig, dass ein Management, das allen Interessengruppen verantwortlich zu sein hat oder dieses vorgibt, es daher allen recht machen muss oder will, in Wahrheit keine Verantwortung mehr hat. Man konnte sich – gerade wie es einem passte – immer herausreden, dieses oder jenes Interesse berücksichtigen zu müssen. Einmal mussten die Interessen der Mitarbeiter und der Gewerkschaften befriedigt werden, dann jene von Lieferanten, jene der Öffentlichkeit, der Wissenschaft, der Politik etc. Schlechte Unternehmensleistung fand immer eine gute Begründung. Der Stakeholder-Ansatz hat gute Führungsleistung nicht grundsätzlich unmöglich gemacht. Es gab auch in der damaligen Zeit ausgezeichnet geführte Firmen. Gerade General Electric gehörte in diese Kategorie. Aber einem schlechten

Management gab der Stakeholder-Ansatz die Möglichkeit, sich immer mit plausiblen und im Kontext dieses Ansatzes unanfechtbaren Gründen aus der Verantwortung zu stehlen.

Eine Theorie der Unternehmensführung, die Interessengruppen ins Zentrum stellt, gleichgültig wie diese definiert sind und wie viele es davon gibt, macht das Unternehmen unvermeidbar zum Spielball wechselnder Machtverhältnisse eben dieser Interessengruppen. Damit kann es keine brauchbaren Maßstäbe mehr für die Führungsleistung geben. Die Folgen sind verheerend, wie geschichtliche Beispiele bestätigen. Man denke nur an die nach dem Zweiten Weltkrieg drei Jahrzehnte lang von den Gewerkschaften unterjochte britische Industrie, die daran fast zugrunde gegangen wäre; an die in derselben Zeit im Korruptionssumpf der italienischen Politik gefangenen Firmen; oder an den Niedergang der verstaatlichten Industrie in Österreich in den 1970er und 1980er Jahren.

Rappaports vermeintliche Verbesserung war in Wahrheit eine Verschlimmbesserung. Das zeigt sich an den Exzessen und Debakeln der 1990er Jahre. Es gibt nur eine einzige Möglichkeit, ein Unternehmen gut zu führen: Das Unternehmen selbst muss ins Zentrum gestellt werden. Damit hat sich das Management an der Leistungs- und Wettbewerbsfähigkeit des Unternehmens zu orientieren. Dafür haben wir ausreichend klare Maßstäbe, an denen das Handeln des Topmanagements zu orientieren und zu beurteilen ist.

Was gut für das Unternehmen ist, ist zwar nicht für alle Interessengruppen gleichermaßen gut, aber es ermöglicht die Befriedigung der größtmöglichen Zahl legitimer Interessen. Ein schlecht gehendes Unternehmen kann letztlich überhaupt keine Interessen mehr befriedigen.

Arbeitsplatzsicherung ist kein Unternehmenszweck

Gegen Shareholder- und Stakeholder-Value zu argumentieren ist keineswegs, wie immer wieder behauptet wird, ein Rückfall in sozialstaatliches Denken. Es bedeutet nicht, einseitig für Arbeitsplatzbeschaffung zu sein. Obwohl man mit der Forderung nach Arbeitsplätzen je nach politischer Lage immer wieder Pluspunkte in der Öffentlichkeit sammeln kann, wofür nicht nur Politiker, sondern durchaus auch Unternehmer, Topmanager und Verbandsfunktionäre anfällig sind, so kann das keine Lösung sein. Gerade wenn man das Unternehmen selbst und seine Funktionsfähigkeit und Leistungskraft ins Zentrum stellt, wird das klar.

Ein Unternehmen hat die Aufgabe, eine ökonomische Leistung für den Markt zu erbringen, und das heißt: eine Leistung für Kunden. Das Unternehmen erfüllt seine gesellschaftliche Verpflichtung in der Schaffung zufriedener Kunden. Wenn dazu viele Arbeitnehmer gebraucht werden, so mag das die Gewerkschaften freuen; wenn es seine Aufgabe aber nur mit immer weniger Arbeitskräften erfüllen kann, so darf es am Abbau von Arbeitsplätzen nicht gehindert werden. Die Zufriedenheit von Kunden ist höher zu stellen als das Interesse der Arbeitnehmer.

Kunden sind keine Stakeholder

Die Betonung des Kunden führt bei den Vertretern des Stakeholder-Ansatzes sofort zu der Behauptung, der Kunde gehöre ebenfalls zu den Stakeholdern.

Das ist ein schwerer Fehler bezüglich der Logik des Wirtschaftens und der Unternehmensführung. Kunden sind keine Interessengruppe, weil sie keine Interessen am Unternehmen haben. Dem Kunden ist, so wichtig ein Lieferant auch sein mag, das liefernde Unternehmen letztlich gleichgültig, und zwar deshalb, weil er eine Wahlmöglichkeit hat. Der Begriff »Kunde« ist in einer Marktwirtschaft überhaupt nur dadurch definiert, dass er wählen kann. Wenn er mit den Produkten oder Dienstleistungen des einen Unternehmens nicht zufrieden ist, kauft er eben bei einem anderen. Daher ist es auch unrealistisch, von Kunden Loyalität zu erwarten, so sehr man alles daran setzen soll, sie zu bekommen. In Wahrheit ist das, was nach Loyalität aussieht, immer Ausfluss einer Nutzenüberlegung. Der Kunde bezahlt für den Nutzen, den er bekommt.

Hier wird in der Regel eingewendet, der Kunde habe ein Interesse am Bestand eines Unternehmens, weil er einen Lieferanten brauche und oft von diesem abhängig sei. Ohne Zweifel braucht der Kunde Lieferanten, aber in einer Marktwirtschaft gibt es, solange diese funktioniert, immer mehrere Beschaffungsmöglichkeiten. Jeder Kunde hat ein vitales Interesse daran, gerade nicht in Abhängigkeit von einem Lieferanten zu kommen, weil er sonst mangels Wahlfreiheit aufhört, Kunde zu sein, und abhängig wird von einem Monopol. So eng und gut auch immer die Kunden- und Lieferantenbeziehungen sein mögen, so sehr sie von Freundschaftlichkeit geprägt sein mögen, ihre Grundlage ist stets die auf Nutzen zielende Zufriedenheit des Kunden und seine Wahlmöglichkeit.

Es gibt nur eine zuverlässige Logik für gute Unternehmensführung: den Kunden besser zu bedienen, als die vorhandenen Konkurrenten das können. Kundennutzen und Wettbewerbsfähigkeit sind somit die beiden unbestechlichen und nicht manipulierbaren Orientierungsgrößen für die Unternehmensführung.

Inflation und Deflation

Weil Regierungen und Notenbanken die Krise primär als Finanzkrise verstehen, pumpen sie für die Rettung von Banken und zum Ankurbeln der Wirtschaft so enorme Summen in die Wirtschaft, dass nach herkömmlicher Wirtschaftstheorie als Folge eine rasende Inflation zu fürchten ist.

Das ist das Credo der Mainstream-Ökonomie und die Medien verbreiten es so. Daher sehen es die meisten Menschen, besonders die Entscheider in der Wirtschaft, als beinahe sicher an, dass die Maßnahmen zur Krisenbekämpfung nun zu einer scharfen Inflation und somit zur Geldentwertung führen werden.

Was aber, wenn das bereitgestellte Geld in der Wirtschaft gar nicht ankommt?

So sind zum Beispiel von den beinahe 1 000 Milliarden Dollar, die die amerikanische Regierung zur Sofortrettung von Banken bereitstellte, sechs Monate nach dem krisenauslösenden Bankrott der Lehman-Bank erst 5 Prozent in der Wirtschaft angekommen. In Deutschland sind es weniger als 2 Prozent.

Wenn das Geld von Konsumenten und Unternehmen nicht aufgegriffen wird, kann es kaum zu einer Inflation kommen. Wird es eine Deflation geben?

Was ist Inflation?

Der Reflex ist beinahe universell, von steigenden Preisen sofort auf Inflation zu schließen. Zwar hat Inflation zu tun mit steigenden Preisen und im selben Maße mit Entwertung der Kaufkraft. Aber nicht immer sind steigende Preise auch inflationär. Wenn der Ölpreis sich innerhalb kurzer Zeit verfünffacht, so ist das noch lange nicht Inflation und lässt auch keine Prognose in diese Richtung zu.

Wann und warum steigen Preise? Sie steigen, wenn die Nachfrage größer ist als das Angebot. Wenn das so ist, dann sinkt üblicherweise gerade aufgrund der steigenden Preise die Nachfrage oder aber das Angebot wird größer. Als Folge dessen normalisieren sich die Preise wieder. Genau das ist eine der Wirkungen gut funktionierender Märkte. Es ist das normale Auf und Ab des Wirtschaftens. Inflation kann es auf diese Weise also nicht geben.

Was viele nicht zu wissen scheinen: Inflation kann es erst und nur dann geben, wenn trotz steigender Preise die Nachfrage nicht zurück geht. Das passiert dann, wenn die steigenden Preise künstlich finanziert werden und dadurch der Marktmechanismus außer Kraft gesetzt wird.

Zum Beispiel kann das durch gewerkschaftlich erzwungenes Steigen der Löhne geschehen, oder durch die Koppelung von Löhnen und Renten an den Preisindex.

Was ist Deflation?

Deflation ist das allgemeine Sinken der vorher inflationär gestiegenen Preise, insbesondere der Sachpreise, wie Aktien, Immobilien,

Rohstoffe und Edelmetalle. Warum gibt es Deflation? Die Hauptursache der Deflation ist die Unfähigkeit der Schuldner, die vorher zum Kauf von Sachwerten aufgenommenen Kredite zurückzuzahlen. Hätten die Schuldner keine Kredite bekommen, so hätten sie die Sachwerte gar nicht kaufen können, und die Preise wären demzufolge nicht exzessiv gestiegen.

Wenn die Preise von kreditfinanzierten Sachwerten zurückgehen, kommt die sogenannte Nachbesicherungspflicht zur Geltung. Das heißt, die Bank verlangt zusätzliche Deckung, wenn der ausstehende Kredit durch den Wert der kreditierten Sache nicht mehr gedeckt ist.

Kann der Schuldner aber keine Sicherung bieten, so muss er seine Schulden abbauen. Zu diesem Zweck muss er Bargeld beschaffen, was er aus allenfalls vorhandenen Reserven tun kann. Hat er keine Reserven, muss der Schuldner, um Bargeld zu beschaffen, etwas verkaufen.

Nach einer Sachpreisinflation aufgrund exzessiver Kreditfinanzierung kommt es also zu einem allgemeinen Verkaufszwang, weil Schuldner Liquidität beschaffen müssen, um notleidende Kredite zurückzuzahlen. Die Notwendigkeit der Geldbeschaffung führt zu Zwangsverkäufen um jeden Preis, wodurch die Sachpreise immer weiter sinken. Der Teufelskreis schließt sich. Die Spirale dreht sich nach unten.

Wird also eine Deflation kommen, so lautete die Frage? Nein, sie wird nicht kommen, sondern sie ist in vollem Gange, und sie wird solange dauern, bis das allgemeine Schuldenproblem durch Bezahlung oder Vernichtung der Schulden gelöst ist.

Bekanntlich kann man Pferde zur Tränke führen, aber man kann sie nicht zwingen zu trinken. Und mit einem Seil kann man keinen Wagen stoßen. Noch so viel Geld, das in die Wirtschaft gepumpt wird, kann unter solchen Umständen die Wirtschaft nicht ankurbeln, und daher entsteht auch keine Inflation. Für die Deflationslage sind herkömmliche Theorien ungeeignet.

US-Management-Überlegenheit

Es ist Zeit, mit der Nachahmung amerikanischer Managementmoden aufzuhören, insbesondere für die Corporate Governance. Stattdessen sollte man sich auf bewährte Fähigkeiten und Stärken besinnen und zu einem vernünftigen Wirtschaften zurückkehren.

Zwei Denkfehler haben zu naiver Imitation des scheinbar überlegenen US-Managements geführt. Der erste Denkfehler: Amerikas Wirtschaft sei stark. Tatsächlich ist sie nur groß. Der zweite: Die Ursache dafür sei das gute, weltweit überlegene Management der US-Unternehmen. In Wahrheit ist amerikanisches Management nur dort brauchbar, wo man es mit einfachen Verhältnissen zu tun hat. Für komplexe, multikulturelle, gar globale Aufgaben ist es ungeeignet, ja schädlich.

Die US-Wirtschaft befindet sich in einem desolaten Zustand, der durch falsche Zahlen, tendenziöse Berichterstattung und eine abenteuerliche Wirtschaftstheorie verschleiert wird. Weder stimmen die Wachstumsraten des Sozialprodukts noch die Beschäftigungszahlen; weder sind die Gewinnziffern der Unternehmen richtig, noch gibt es nach der Rezession von 2000 bis 2002 eine nennenswerte Konjunkturerholung. Die in den USA dominierende Wirtschaftstheorie von der »asset-based, wealth-driven economy« ist ein Treppenwitz der Wirtschaftsgeschichte.

Amerika hat die Größe seiner Unternehmen nicht der Qualität

ihres Managements zu verdanken. Die US-Wirtschaft ist groß, weil sie etwas hat, was es sonst in keinem entwickelten Land je gab, nämlich einen großen, weitgehend homogenen eigenen Markt (Homemarket). Es ist kein Wunder, dass große Unternehmen entstehen, wo es rund 290 Millionen Konsumenten gibt, die alle dieselbe Sprache sprechen und von einer Mentalität geprägt sind, die sie für einheitliche Werbung und Promotion empfänglich machen und eine einheitliche Produktgestaltung ermöglichen. Management ist leicht, wenn keine Zollgrenzen zu überwinden sind und überall dieselben Administrationsvorschriften und Steuergesetze gelten. Nichts von dem gab es bis vor kurzem in Europa. Wir können die Amerikaner um ihre komfortable Lage nur beneiden; nachahmen sollten wir sie nicht.

Die Exportquote des typischen US-Unternehmens ist klein oder inexistent, die des europäischen ist groß. Amerika ist eine Importnation, Europa lebt vom Export. Wo kein Englisch gesprochen wird, hat es sich auf amerikanische Weise bald »ausgemanagt«. Daher sind die USA keineswegs, wie man gerne glaubt, das Zentrum globalen Denkens und Wirtschaftens. Das Zentrum ist im Gegenteil dort, wo schon vor mehr als 500 Jahren Wirtschaftsbeziehungen mit China und Japan unterhalten wurden und wo kaum Aufsehens von Globalisierungsideen gemacht werden muss, weil sie längst umgesetzt wurden, nämlich in Europa.

Aus den genannten Gründen ist es um ein Vielfaches leichter, ein großes Unternehmen in den USA zu managen als in Europa. Es gibt somit keinen Anlass, nach Amerika zu blicken, um dort Management für komplexe Verhältnisse zu lernen. Amerikanisches Management ist Pflichtlauf; die Kür ist, ein großes Unternehmen in Europa zu führen.

Die amerikanisierten, MBA-ausgebildeten Manager werden nun

rasch lernen müssen, dass die Führung eines Unternehmens nicht aus dem Lösen von Fallstudien besteht, sondern aus dessen exaktem Gegenteil, nämlich zu erkennen, wo sich welcher Fall zusammenbrauen könnte. Wenn alles schön sauber in einer Fallstudie niedergelegt werden kann, ist ein Fall kein Problem mehr, sondern nur noch der Vollzug von Arbeit. Wenn man einen Businessplan à la Business-Schools erstellen kann, haben andere das Geschäft längst gemacht, weil sie auf die schwachen Signale reagierten und nicht auf die Rechnungen warteten. Business-Administration ist, was der Name sagt, Verwaltung, aber nicht antizipierendes unternehmerisches, gar strategisches Handeln.

Diese Generation wird die Erfahrung machen, dass die als ultimative Wahrheiten rund um die Welt propagierten Orientierungsgrößen – Shareholder, Stakeholder, Wertsteigerung – in Wahrheit das Gegenteil sind, nämlich Desorientierungsgrößen. Daher sind Orientierungs- und Ratlosigkeit schon jetzt in den Führungsetagen zu sehen – immer weniger gut kaschierbar, wenn auch immer noch mit Imponiergehabe übertüncht.

EBIT, EBITDA

Kein geringer Prozentsatz an Führungskräften scheint zu glauben, dass die Kenntnis der gängigen finanzwirtschaftlichen Kennziffern bereits ein Management-Befähigungsausweis sei. Das ist ein gefährlicher Irrtum.

Solange für die Leistungsmessung eines Unternehmens nur EBIT verwendet wurde, war das Risiko von fehlerhafter Führung limitiert. Dennoch wurde schon diese Kennziffer missbraucht.

Am Management Zentrum St. Gallen haben wir in der Strategieberatung seit spätestens 1984 mit EBIT gearbeitet. So neu, wie manche glaubten, war diese Kennziffer nicht, als sie Mitte der 1990er Jahre in Mode kam.

EBIT wurde aber selbstverständlich vor dem Beginn der Börseneuphorie niemals dafür benutzt oder empfohlen, ein Unternehmen zu führen. Diese Kennziffer wurde ausschließlich eingesetzt, um Unternehmen zu vergleichen. Weil jede Firma eine andere Finanzierungs- und Steuersituation hat, war es nötig, ein Brutto- statt ein Nettoergebnis zu verwenden, um brauchbare Leistungsvergleiche anstellen zu können.

Die Wiege von EBIT war das so genannte PIMS-Programm (Profit Impact of Market Strategy), das in den 1960er Jahren bei General Electric entwickelt wurde, um die Leistung von unterschiedlichen Geschäftsfeldern zu beurteilen und zu vergleichen.

Natürlich war immer klar, dass man von einem echten Ergebnis nur nach Zinsen und Steuern sprechen konnte und an eine Dividende auch erst danach zu denken war.

Was für den Vergleich erfunden worden war, wurde unter dem Einfluss des Shareholder-Value zu einem Führungsmaßstab. Es war der erste Schritt zur Falschführung.

Die weiteren Schritte waren vorherbestimmt und unvermeidbar: Es kamen EBITD, EBITDA etc., alles Kennziffern, die aus der Betrachtungswelt von Buchhaltern, Wirtschaftsprüfern und Investmentbankern stammen, für die Führung eines Unternehmens aber völlig unbrauchbar sind. Anlässlich eines Symposiums habe ich mir erlaubt, eine »ganz neue« Kennziffer vorzuschlagen, nämlich EBA – Earnings before anything… Es dauerte eine Weile, bis die Ironie im Publikum verstanden wurde.

Diese finanzwirtschaftlichen Kennziffern mögen in verschiedenen Situationen durchaus ihren Nutzen haben. Sie sind aber untauglich für die Führung eines Unternehmens, für jene Funktion nämlich, die das Wirtschaftsergebnis überhaupt erst produzieren muss, bevor es bewertet werden kann.

Alle finanzwirtschaftlichen Kennziffern sind für die Führung höchst problematisch, weil sie den wirklich wesentlichen Dingen des Managements zeitlich hinterherlaufen. Aus dem inzwischen großen Vorrat an Kennziffern eignet sich für den Führungszweck im Grunde nur eine einzige, nämlich EAE – Earnings after everything. Erst nachdem alle erforderlichen Rückstellungen vorgenommen sind, alle Reserven gebildet wurden, um auch schlechte Zeiten überstehen zu können, kann man von echten Ergebnissen sprechen.

Stock-Options

Nach den Exzessen braucht die Gefährlichkeit des Wortes »Stock-Options« kaum betont zu werden. Es wird Zeit, mit der Reparatur von Systemen aufzuhören, die nie funktionierten und nie funktionieren werden. Peter F. Drucker hat schon vor Jahrzehnten gesagt: »There are no good executive compensation plans. There are only bad and worse.«

Möglicherweise hat niemand in seinem Leben mehr »genial erdachte, ingeniös konzipierte und sorgfältigst gerechnete« Bezahlungsmodelle scheitern sehen als Drucker. Sie kamen regelmäßig mit Boomphasen und sind an ihrem Ende ebenso regelmäßig kollabiert. Wenn es noch eines Beweises für die Richtigkeit dieser Auffassung bedurfte, ist dieser in den 1990er Jahren erbracht worden. Es ist Zeit für einen Neuanfang und eine gute Gelegenheit dafür – gerade im Interesse der unter Kritik stehenden Topmanager.

Auch die raffiniertesten Reformen, die jetzt unternommen werden, um die Ruinen etwa der Stock-Options-Programme zu retten oder zu kaschieren, werden das Problem nicht lösen. Es gibt kein funktionierendes arithmetisch-mechanisches System der Einkommensbestimmung für die komplexen Aufgaben der Topebene. Kein solches System wird dem raschen Wandel der Bedingungen gerecht, unter denen es funktionieren müsste. Die meisten dieser

Bedingungen sind von den Erfindern der Systeme gar nicht bedacht worden.

Kein arithmetisches System funktioniert sowohl bei steigenden als auch bei sinkenden Börsenkursen, in Phasen der Hochkonjunktur ebenso wie in der Rezession, im Alltagsgeschäft genauso wie im Sanierungsfall, bei Akquisition und bei Desinvestition. Es gibt kein System, das auch nur die elementaren Dimensionen der Unternehmensführung auf mechanisch-rechnerische Weise berücksichtigen könnte, die operative gleichermaßen wie die strategische, die kurz- wie die langfristige, das Heute und das Morgen.

Was ist die Alternative? Die autonome Entscheidung des Aufsichtsorgans in freier Würdigung aller Umstände. Diese Lösung ist weit entfernt von einem Ideal, aber sie ist die beste, sobald das Ideal als Illusion erkannt und daher als nicht praktikabel aufgegeben wird.

Das Aufsichtsorgan gewinnt damit seine wichtigste Funktion wieder zurück, die es an die starre Mechanik abgegeben hat, nämlich die Gesamtleistung des Unternehmens, die Art ihres Zustandekommens und den Beitrag der Führungskräfte zu bestimmen und zu bewerten. Zweifellos ist das eine der schwierigsten Aufgaben im Kontext von Führung und Kontrolle. Aber es ist auch die wichtigste und vornehmste. Dadurch erfüllt die Unternehmensaufsicht ihre Kernaufgabe; darin liegt ihre eigentliche Bedeutung. Ohne ihre kompetente und verantwortete Erfüllung wird es keine funktionierende Corporate Governance geben.

Die Konsequenzen sind unangenehm, aber funktionsdienlich und unverzichtbar für ein gesundes Unternehmen. Das Management kann bei dieser Art der Einkommensgestaltung seine Leistung nicht mehr einfach aus den Relationen einiger, wesentlich durch die Begünstigten selbst manipulierbarer monetärer Faktoren ableiten. Es muss sie überzeugend darstellen, profund belegen und begründen. Die Unternehmensaufsicht muss sich so intensiv mit der Gesamtlage und den Führungskräften befassen, dass sie diese Aufgabe auch wirklich kompetent erfüllen kann. Das ist arbeitsintensiv, aber dafür wird sie bestellt und bezahlt. In führungsbezogen hoch entwickelten Unternehmen war das immer schon die Regel.

Die wichtigsten Gegenargumente lassen sich entkräften. Das Aufsichtsorgan sei dazu nicht in der Lage, weil es zu weit von der Realität entfernt sei. Wo es so ist, tut es Not, dass es näher an diese heranrückt. Die Unternehmensaufsicht sei dafür nicht kompetent genug. Dann wird es Zeit, sie kompetent zu besetzen. Manager würden dann weniger verdienen. Das hängt ganz vom Aufsichtsorgan ab; es kann auch mehr sein. Die Entscheidung sei subjektiv. Das ist ebenso richtig wie irrelevant. Auch jede Richterentscheidung ist subjektiv, weil sie von einer denkenden, abwägenden, urteilenden Person oder Gruppe getroffen wird. Wichtig ist, dass die Entscheidung nicht willkürlich ist. Das kann sichergestellt werden, wie wir aus 200 Jahren Praxis mit dem Rechtsstaat wissen. Und ein letzter Einwand: Die Manager würden dann nicht mehr im Voraus wissen, was sie am Ende des Jahres verdienen. Richtig und gut so; genau das war und ist die Situation des Unternehmers: Sein Einkommen war nie im Voraus bekannt.

US-Wirtschaftswunder

Es ist bemerkenswert, mit welcher Naivität und Blindheit in den letzten Jahren amerikanische Managementvorstellungen übernommen wurden. Das Argument lautete, wie bereits erwähnt, immer gleich: Weil die US-Wirtschaft so erfolgreich ist, muss auch das US-Management gut sein. Managen wir also wie die Amerikaner, dann wird es auch unserer Wirtschaft gut gehen. Damit wurden die Tore geöffnet für ein Trojanisches Pferd.

Wer skeptisch war und geprüft hat, kam früh zum Ergebnis, dass das viel gepriesene und naiv bestaunte amerikanische Wirtschaftswunder nie stattgefunden hat. Es war ein Medienereignis und sonst nichts.

Selbst der Weg zur Immobilienkreditblase wurde als Zeichen amerikanischer Wirtschaftskraft gefeiert. Immer höhere Kredite für immer weniger zahlungsfähige Käufer von immer weniger besicherungsfähigen Immobilien galten als Zeichen besonders fortschrittlichen Wirtschaftens. Daran gemessen musste Europa als rückständig und inkompetent erscheinen. Eine der einfältigsten Wirtschaftstheorien, die von US-Ökonomen für die Legitimierung der Immobilienfinanzierung ersonnene sogenannte Asset-Wealth Theory, galt allgemein als besonders fortschrittlich. So wurde eines der größten Finanzdesaster der Geschichte unter allgemeinem Beifall programmiert.

Erstens, die amerikanischen Wachstumsraten sind schon in ihrer offiziellen Version keineswegs größer als in früheren Perioden, wie ein Vergleich seit dem Zweiten Weltkrieg beweist. Dazu kommt, dass sie durch zwei Effekte künstlich erhöht wurden: durch die Finanzblase und – gravierender – durch den statistischen Effekt des so genannten »Hedonic Price Indexing«. Niemand sonst rechnet so; aber alle bestaunen die US-Wachstumsraten.

Zweitens, es gab nie ein Produktivitätswunder, außer in dem kleinen Segment der Herstellung von Computern. Robert Gordon von der Northwestern University in Chicago, einer der wenigen klarsichtigen Analytiker der publizierten Produktivitätszahlen, hat gezeigt, dass es für die Behauptungen steigender Produktivität nie quantitative Evidenz gab. Nur gewisse Beratungsunternehmen, die sich schon in anderen Fragen massiv getäuscht haben, glauben an das Märchen von der überlegenen Produktivitätssteigerung in der amerikanischen Wirtschaft.

Drittens, die amerikanischen Gewinne waren keine Folge realer Wirtschaftsleistung, sondern kreativer Buchhaltung – zum Schluss bis zur Fälschung von Bilanzen. Darum brechen sie jetzt auch zusammen. Sie sind erstens durch falsche Verbuchung von Stock-Options einschließlich der daraus resultierenden Steuervorteile entstanden, zweitens durch Aktivierung statt Abschreibung von Software-Aufwand, drittens durch die mit Stock-Options verbundenen tiefen Löhne und viertens durch Finanzmarktmanöver, wie etwa die Aktienrückkaufprogramme.

Viertens, es wurden nicht nur keine echten Gewinne erzielt, sondern auch keine echten Investitionen getätigt. Nur daraus hätte echte Produktivitätssteigerung kommen können. Der Kapitalstock befindet sich auf dem Niveau der sechziger Jahre. Die Sparquote ist von rund 10 Prozent Ende der 1980er auf unter null Ende der 1990er Jahre gesunken.

Fünftens, die Börsenhausse war nie auf echte Wertschöpfung gestützt, sondern auf Desinformation durch die Wallstreet-Industrie und die exorbitante Verschuldung aller amerikanischen Wirtschaftssegmente – zuletzt mit einem Faktor von eins zu drei. Für jeden Dollar zusätzliches Sozialprodukt waren rund drei Dollar zusätzliche Schulden erforderlich.

Sechstens, das vielgepriesene amerikanische Haushaltswunder gab es auch nie. Die öffentliche Verschuldung Amerikas steigt nach wie vor und ist heute höher als zu jedem früheren Zeitpunkt. Man kann dies täglich im Internet nachschauen.

Die amerikanischen Wirtschaftszahlen der letzten Jahre sind falsch oder wurden falsch interpretiert und medienmäßig propagiert. Das Handeln der Menschen ist damit in eine falsche Richtung gesteuert worden. Die Folge ist eine massive Fehlallokation der Ressourcen. Dies führt jetzt, nachdem sich auch die Illusion des ewigen Booms als falsch erweist, zu massiven Korrekturnotwendigkeiten, deren Vollzug viel Zeit beanspruchen wird.

Die Meinung, die amerikanische Wirtschaft sei wegen ihres besonders guten Managements und ihrer fortschrittlichen Corporate Governance so erfolgreich, ist falsch. Und die naive Nachahmung amerikanischer Denkweisen und Methoden in Europa und Asien ist gefährlich.

Unternehmenserfolg

Weniges ist von selbst ernannten Experten je so falsch beurteilt worden wie die so genannte New Economy. Und weniges wird regelmäßig krasser missverstanden und missbraucht als finanzielle Kennziffern. Mit zeitlichem Abstand wird die zweite Hälfte der 1990er Jahre als eine Phase kollektiver Irrwege in Kernfragen der Unternehmensführung beurteilt werden.

Hier liegt letztlich auch der Ursprung der systematischen Fehlsteuerung der Wirtschaft, die letztlich zum Kollaps des Finanzsystems und zu einer der größten Wirtschaftskrisen führte.

Vor dieser Zeit gab es kaum Probleme mit der Frage nach dem Unternehmenserfolg. Zumindest unter Fachleuten war klar, was man darunter zu verstehen hat. Heute ist »Unternehmenserfolg« eines der gefährlichen Wörter. Bilanzskandale, Einkommensexzesse und allgemeine wirtschaftliche Irreführung wurden nicht zuletzt durch einen verkommenen Begriff des Unternehmenserfolges hervorgerufen.

Turbulente Zeiten erfordern klare, aussagekräftige und moderesistente Maßstäbe. Was ist ein gutes Geschäft? Wann ist ein Unternehmen gesund? Woran können Erfolg oder Misserfolg zuverlässig abgelesen werden? Je stärker finanzwirtschaftliche Faktoren im Vordergrund stehen, umso wichtiger wird eine umfassende Beurteilung.

Es gibt sechs Schlüsselgrößen des Unternehmenserfolges. Nur wenn man sie gemeinsam und über einen längeren Zeitraum kennt, kann man ein Urteil über den Zustand eines Unternehmens treffen – dann aber präzise und zuverlässig. Zusammen bilden diese Messgrößen das »Cockpit« des Managers. Sie sind gleichzeitig die Kernfaktoren jeder Unternehmensstrategie.

Der erste Maßstab ist die Marktstellung des Unternehmens, und zwar bezogen auf jedes seiner Geschäftsgebiete. Leider gibt es keine einzelne Kennziffer, welche die Marktstellung für sich allein hinreichend darzustellen erlaubt. Meistens wird der Marktanteil verwendet. Was aber ist das? Ist er geografisch definiert oder nach Kundengruppen, nach Absatzkanälen oder Verwendungszwecken, nach direkten Kunden oder Endverbrauchern? Kennt man die Marktanteile substituierender Produkte? Wie sieht es aus mit Qualität und Kundennutzen, mit Bekanntheitsgrad und Image? Jedes Unternehmen muss für sich durchdenken, welche Faktoren seine Marktstellung ausreichend beschreiben, und dafür Kennziffern entwickeln. Die ständige Verbesserung der Marktstellung als Ganzes, und nicht nur der Marktanteile, muss Kernstück jeder Unternehmensstrategie sein. Damit kann man praktisch keinen Fehler machen.

Der zweite Maßstab ist die Innovationsleistung. Unternehmen, die aufhören zu innovieren, sind kaum korrigierbar auf der schiefen Bahn. Typische, aber keineswegs die einzigen Kennziffern für die Innovationsleistung sind »Time to market«, Erfolgs- versus Misserfolgsrate und Umsatzanteil neuer Produkte. Auch nach innen gerichtete Innovation gehört hierher: die fortgesetzte Erneuerung von Systemen und Prozessen, Methoden und Praktiken, Strukturen und Technologien. Jedes Unternehmen muss – ähnlich wie bei der Marktstellung – die für seine individuelle Situation relevanten Innovationsfelder durchdenken und dafür geeignete Kennziffern bestimmen und verfolgen. Nachlassende Innovationskraft ist ein Warnsignal erster Ordnung. Man kann sie erkennen, lange bevor ihre Folgen in den Instrumenten des Rechnungswesens sichtbar werden. Daher muss ständige Erneuerung ein Standardkapitel der Unternehmensstrategie sein.

Das dritte Feld ist die Produktivität oder besser: die Produktivitäten. Bisher genügte es für die meisten Fälle, eine Produktivität zu messen, jene der Arbeit. Heute braucht man mindestens drei Kennziffern: die Produktivität der Arbeit, des Kapitals und der Zeit. Und man ist gut beraten, schon jetzt eine vierte ins Auge zu fassen, die Produktivität des Wissens, wenn auch noch niemand sagen kann, wie diese zu definieren ist. Produktivitäten sind nur aussagekräftig, wenn sie in der Dimension der Wertschöpfung ausgedrückt werden, also Wertschöpfung pro Mitarbeiter (Arbeitsproduktivität), Wertschöpfung pro investierter Geldeinheit (Kapitalproduktivität) und Wertschöpfung pro Zeiteinheit. Nicht jedes Unternehmen kann ständig wachsen, aber jedes kann ständig besser, im Sinne von produktiver, werden. Bis heute zeichnen sich Grenzen der Produktivitätsverbesserung nicht ab.

Der vierte Erfolgsmaßstab ist die Attraktivität für gute Leute. Nicht wie viele Mitarbeiter in das Unternehmen eintreten oder es verlassen (die Fluktuationsrate), ist entscheidend, sondern welche. Wenn gute Leute beginnen, das »Schiff« zu verlassen, oder das Unternehmen Schwierigkeiten hat, solche zu rekrutieren, ist größte Aufmerksamkeit geboten. Die Kündigung guter Mitarbeiter – egal welcher Ebene – muss zur Chefsache gemacht werden. In den Austrittsgesprächen mit ihnen – denn aufhalten kann man sie meistens ohnehin nicht – erfährt man, wenn man wirklich will, die wichtigsten Wahrheiten, über die man sonst keine Kenntnis erlangt.

Erosionserscheinungen auf diesem Gebiet sind durch ein noch so gut entwickeltes Rechnungswesen nicht zu entdecken. Auch in sonstigen Daten- und Informationsbanken sind sie nicht enthalten, weder im Inter- noch im Intranet.

Der fünfte Maßstab ist die Liquidität. Es ist eine alte Wahrheit, dass ein Unternehmen relativ lange ohne Gewinn auskommen kann, aber nie ohne Liquidität. Gewinnsteigerungen zu Lasten der Liquidität sind gefährlich, beispielsweise wenn höhere Margen durch längere Zahlungsziele erkauft werden. In der Regel macht ein Unternehmen in einem Gewinnengpass das Richtige: Es trennt sich von schlechten Geschäften. In einem Liquiditätsengpass hingegen geschieht fast immer das Falsche: Man muss sich von den besten Geschäften trennen, denn nur diese können zeitgerecht und teuer genug verkauft werden.

Der sechste Maßstab ist das Gewinnerfordernis des Unternehmens, das nur selten am Gewinn als solchem abgelesen werden kann, ja überhaupt nicht an finanzwirtschaftlichen Größen, wie sie das Rechnungswesen ausweist. Es ergibt sich als Antwort auf eine Frage und nicht als Ergebnis von Berechnungen. Das ist die Konsequenz der Tatsache, dass so etwas wie Gewinn genau genommen gar nicht existiert. Was es gibt, sind Kosten. Die Kosten des heutigen Geschäftes und jene Kosten, die nötig sind, um im Geschäft zu bleiben. Wenn schon Gewinn, dann darf man sich nicht an der Vorstellung eines Gewinnmaximums orientieren. Die Schlüsselfrage muss lauten: Welches Minimum an Gewinn benötigen wir, um auch morgen noch im Geschäft zu sein? Diese Frage ist keineswegs Folge einer minimalistischen Haltung. Fast immer wird man feststellen, dass das so verstandene Minimum deutlich oberhalb jener Werte liegt, welche die meisten Leute als ein Maximum zu akzeptieren bereit sind.

Wert

Selten zuvor gab es so viel Gebrauch von einem Begriff, und nie, außer in der marxistischen Theorie, wurden Wertfragen als derart zentraler Begriff des Wirtschaftens angesehen. Hier spreche ich von wirtschaftlichen Werten, nicht von moralischen, ethischen oder künstlerischen.

Man hat ob der intensiven Wertdiskussion und der so häufigen Verwendung des Wortes »Wert« fast vergessen, dass es so etwas wie wirtschaftliche Werte gar nicht gibt. Es gibt nur Preise.

Der Wert von etwas, egal was es ist, ist der Preis, den der nächste Käufer zu bezahlen bereit ist. Was der letzte Käufer bezahlt hat, ist bedeutungslos. Was man selbst für ein Gut bezahlt hat, mag die eigene Vermögenslage und daher das eigene Denken, Hoffen und die Verhandlungstaktik für die nächste Transaktion bestimmen. Es ist aber, außer als Denkvorstellung, unerheblich. Realität ist die nächste Transaktion und der dafür bezahlte Preis.

Die Bewertungsmethoden, egal nach welchen Gesichtspunkten sie konzipiert sind, mögen Anhaltspunkte liefern für Verhandlungsziele, für Wünsche, Hoffnungen und das Setzen von Orders an den Börsen. Und es ist durchaus möglich, dass der zuvor errechnete Wert sich auch eine Zeitlang als Preis einstellt. Dann kann der Anschein entstehen, dass die Bewertungsüberlegungen einen Einfluss auf die Preisgestaltung hätten.

An den Börsen aber ist täglich zu sehen, dass der Preis von jedem Wertansatz weit entfernt sein kann – und es meistens auch ist. Die Argumentation mit Werten, daher auch mit Über- und Unterbewertung zum Beispiel von Aktien, ist müßig. Es gibt keine Werte außerhalb des Preises, den der nächste Käufer bezahlt.

Daher ist es im Grunde auch falsch, von so genannten innerbetrieblichen Wert- oder Wertschöpfungsketten zu sprechen, wie das Michael Porter[16] aufgebracht hat. Innerhalb eines Unternehmens gibt es keine Werte, sondern Kosten. Kosten können nur außerhalb des Unternehmens in etwas Werthaltiges transformiert werden, nämlich dadurch, dass ein Kunde eine Rechnung bezahlt, einen Preis entrichtet.

Das Wertdenken birgt noch eine andere, möglicherweise größere Gefahr. Es beeinflusst das Marketing in riskanter Weise. Es führt zurück zur Vorstellung, dass der eigene Aufwand den Wert des Produktes bestimme und somit seinen Preis. Es ist eine scheinbare Legitimierung von »cost driven pricing«. Die Realität auf den Märkten aber ist das Gegenteil, nämlich »price driven costing«.

Wer die Kalkulation so aufbaut, dass er seine eigenen Kosten nimmt, darauf einen Risiko- und Gewinnzuschlag macht und so den Preis errechnet, manövriert sich fast immer aus dem Markt hinaus. Die Orientierung muss sich umgekehrt am gegebenen Marktpreis ausrichten, davon ist ein angemessener Gewinn abzuziehen, und danach muss sich alles am verfügbaren Rest ausrichten, von der Entwicklung bis zum Verkauf. Das ist die einzige Möglichkeit, nicht an der Realität des Marktes vorbei zu operieren.

Gerade in den New-Economy-Firmen, die glaubten, neue Gesetze des Wirtschaftens erfunden zu haben, wurde das nicht begriffen. Noch immer wird in Software-Kreisen mit dem Aufwand argumentiert, den die Entwicklung eines Programms verursacht habe. Dann wird vom Wert des darin steckenden Wissens geredet, und man glaubt, damit Preisforderungen rechtfertigen zu können.

Diese Denkweise ist von der Logik der Marktwirtschaft her falsch, und daher ist sie gefährlich. Ein Blick nach Indien und die dort arbeitenden Software-Spezialisten würde, falls man sich der Logik nicht beugt, einen empirischen Zweifel begründen. Die einzige Realität der Wirtschaft ist der Preis.

Die Lektion der heutigen Finanz- und Wirtschaftskrise ist überdeutlich. Noch zu Beginn von 2008 war der Aktienkurs der US-Investmentbank Bear Sterns bei fast 180 Dollar. Bereits im März, also noch lange vor dem Ausbruch der Krise, stand der Kurs bei 2 Dollar und kurz danach war die Bank bankrott. Die hohen Werte waren auf den Boden des Preises zurückgebracht, der in diesem Fall Null war, weil es Käufer gar nicht mehr gab. Die Differenz dazwischen waren Illusionen.

Nachhaltigkeit

Anstelle der mehr und mehr als irreführend erkannten Begriffe der finanzwirtschaftlichen Szene der letzten Jahre wird jetzt immer öfter der Begriff der »Nachhaltigkeit« verwendet. Das ist ein Fortschritt, weil damit die Vorstellung von Dauerhaftigkeit, Langfristigkeit und Kontinuität verbunden ist. Es ist das Gegenteil kurzfristigen, auf schnelle Finanzgewinne gerichteten Verhaltens.

Dennoch hat dieser Begriff seine gefährlichen Seiten oder jedenfalls seine Nachteile. Er wird immer häufiger verwendet und droht zur Mode zu werden. Darum will ich auf seine Risiken hinweisen.

Der Begriff wird besonders häufig in einem ökologischen Zusammenhang verwendet. Er ist dann mit der Vorstellung des schonenden Umganges mit Ressourcen verbunden oder allgemein damit, einen Zustand, eine Verhaltensweise, eine Form des Wirtschaftens auf Dauer aufrechterhalten zu können. Hier dominiert die Vorstellung von Stabilität.

So wichtig das ist: Unternehmen und die meisten anderen Institutionen der Gesellschaft müssen mehr können. Sie müssen fähig sein, sich an gänzlich unvorhergesehene Entwicklungen immer wieder neu anzupassen, an Zustände und Ereignisse, die niemand vorhersieht, weil sie gar nicht vorhersehbar sind.

In der Kybernetik spricht man im Falle von Nachhaltigkeit, wie schon erwähnt, von Stabilität. Nötig aber ist die Fähigkeit, immer wieder neue stabile Zustände herbeizuführen. Es braucht die über herkömmliche Stabilität hinausgehende so genannte Ultra- und Polystabilität.

Nachhaltigkeit (Sustainability) ist ein Fortschritt. Der konsequente nächste Schritt muss Lebensfähigkeit (Viability) sein.

Viability ist die Fähigkeit, seine Funktionsfähigkeit zeitlich unbegrenzt aufrechtzuerhalten. Um es zu illustrieren: Wenn eine Ressource aufgebraucht ist, muss ein System in der Lage sein, auf eine andere Ressource umzustellen. Es muss sich beizeiten darauf vorbereiten und einstellen, den Ressourcen-Wechsel zu vollziehen. Dasselbe gilt für den Umstieg von einer Technik auf eine andere, substituierende, von einer Produktionsweise auf eine andere, neuere, bessere und von einem Absatzkanal auf einen neuen, ergiebigeren und aktuelleren. Es ist die Fähigkeit zur Evolution.

Für Lebensfähigkeit gibt es eine hoch entwickelte Theorie aus dem Gebiet der Managementkybernetik und ein daraus entstandenes Modell, das Modell lebensfähiger Systeme (Viable System Model), des im August 2002 verstorbenen Management-Kybernetikers Stafford Beer.[17]

Globalisierung

In die Liste der riskanten Wörter gehört alles, was mit »Globalisierung« zu tun hat. Das Risiko dieses und verwandter Wörter liegt darin, dass Führungskräfte durch sie leicht zu falschen Denkweisen und als Folge dessen zu falschen Strategien und Maßnahmen verleitet werden. Druck von außen spielt dabei häufig eine Rolle: die Meinung der Medien, die Denkweise von Aktionären und der Zeitgeist.

Das Wort »Globalisierung« wird so oft verwendet, dass man meinen möchte, es sei klar und eindeutig. So ist es aber nicht. Globalisierung hat viele Bedeutungen, und daher kann jeder damit herumfuhrwerken, wie es ihm gefällt.

In jedem Unternehmen ist man gut beraten, zu durchdenken, in welchem Sinne man dieses Wort verwenden will. Schon der viel bescheidenere Begriff »Internationalisierung« ist alles andere als klar. In wie vielen Ländern muss ein Unternehmen mit wie viel Prozent seiner Geschäftstätigkeit vertreten sein, um von »international« sprechen zu können? Es gibt keine Kriterien dafür. Jeder, der über einen Briefkasten auf den Bahamas verfügt, kann sich »international« nennen. Auch das Wort »multinational« hat wenig konkrete Bedeutung, außer dass es immer wieder als Schimpfwort für große Konzerne verwendet wurde.

Peter F. Drucker spricht seit Mitte der 1990er Jahre von »transnational«. Damit meint er jene Aspekte, die vom Nationalstaat und von nationalem Verständnis unabhängig sind. Für ihn sind vorläufig nur zwei Dinge transnational: Geld und Information.

Globalisierung bedeutet nicht, dass die ganze Welt ein »Dorf« wird, wie man das von Romantikern und Zukunftsdeutern hört. Dafür fehlen sämtliche Voraussetzungen. Wie soll man sich ein Dorf aus mehr als sechs Milliarden Menschen vorstellen? Selbst wenn man das Wort in Anführungszeichen setzt, bilden sie niemals ein Dorf. Wer einige der großen Städte der Welt besucht hat, weiß das. Er kann sich über die Auslassungen mancher Zeitgeistautoren höchstens wundern, die da vollmundig, aber offensichtlich kenntnislos vom globalen Dorf schwafeln.

Globalisierung bedeutet nicht, dass sich die Kulturen der Welt angleichen und einheitlich an der westlichen Denk- und Lebensweise orientieren müssen, die in sich keineswegs homogen ist. Vermutlich wird es sogar eher zu einer Akzentuierung der Unterschiede kommen.

Globalisierung bedeutet auch nicht, dass jedes Unternehmen oder seine Produkte in jedem Land der Welt vertreten sein müssen. Selbst unter den größten Firmen der Welt gibt es nur wenige, deren Produkte tatsächlich fast überall präsent sind; Coca Cola gehört wohl dazu. Die meisten Firmen sind in der Ausübung ihrer Geschäftstätigkeit nach wie vor und aus guten Gründen selektiv.

Globalisierung bedeutet meines Erachtens vorläufig dreierlei:

Erstens, dass man für die verschiedenen Dimensionen wirtschaftlicher Tätigkeit keinen Ort prinzipiell ausschließen kann. Das bedeutet, jede einzelne Stufe des Wirtschaftens – von der Entwicklung über die Beschaffung bis zum Verkauf – ist grundsätzlich an jedem Ort der Welt möglich.

Zweitens, dass man durch nationale Grenzen nicht mehr wirksam vor Konkurrenz geschützt werden kann. Obwohl ein Wiedererwachen des Protektionismus nicht ausgeschlossen ist – im Gegenteil: Meines Erachtens ist sogar sein Aufleben wahrscheinlich. Man sieht bei der amerikanischen Stahlindustrie, wozu in letzter Konsequenz rasch und ohne Skrupel gegriffen wird: zu Schutzzöllen. Dennoch wird es immer schwieriger, sich vor Konkurrenz wirksam zu schützen.

Drittens, dass man global beobachten muss, um nicht überrascht zu werden. Das bedeutet aber nicht, dass man auch global handeln muss.

Der dritte Aspekt ist meines Erachtens für die Mehrheit der Unternehmen am wichtigsten. Auch in ferner Zukunft wird längst nicht jedes Unternehmen global tätig sein müssen. Immer mehr, darunter auch kleine Unternehmen, müssen aber weltweit orientiert sein. Nur so werden sie nicht von Konkurrenten überrumpelt oder von Entwicklungen überrascht, die sie übersehen haben – vor allem bezüglich der Beschaffungs- und Fertigungsmöglichkeiten. Das ist ziemlich schwierig und aufwändig.

Für jene Unternehmer, die im Sinne des ersten Punktes denken müssen, lohnt sich manchmal der Blick ins Geschichtsbuch, wenn einem gar so großspurig die Erstmaligkeit und Einzigartigkeit der heutigen Globalisierungstendenzen vorgetragen werden. Niemand brauchte einem oberitalienischen Handelsherren des 15. und 16. Jahrhunderts zu sagen, dass es da draußen eine Welt gibt. Venezianer und Florentiner machten in der Renaissance-Zeit weltumspannende Geschäfte. Von ihnen lernten es die Fugger und betrieben für rund 200 Jahre einen globalen Konzern. Sie hatten ihre

»Faktoren« (die damalige Bezeichnung für Geschäftsführer) in allen bedeutenden Ländern und Städten der Welt, machten Geschäfte mit ganz Europa, beherrschten halb Südamerika – wohlgemerkt ohne Handy, Fax, E-Mail und Düsenflugzeug – und überlebten wirtschaftlich die Großkonkurse der gekrönten Habsburger-Häupter.

Der Jesuitenorden war als globale Handels- und Wissensorganisation rund um die Welt tätig, in Japan und China, in Indien und in Südamerika. Die Jesuiten waren dabei so erfolgreich, dass sie als gefährlich eingestuft und der Orden deshalb in einigen Ländern verboten wurde.

Die Globalisierung ist älter als Satellitenfernsehen und Internet. Sie hatte ihre glanzvollen Epochen und ihre Rückschläge. Man kann aus ihrer Geschichte als Führungskraft das vielleicht Wichtigste lernen: Augenmaß.

Gewinn

Nach Jahrhunderten der Verwendung des Begriffs »Gewinn« – zuerst durch Kaufleute, dann durch Professoren, schließlich durch Berater, Wirtschaftsprüfer und Investmentbanker – sollte man meinen, dass zweifelsfrei geklärt sei, was Gewinn ist. Dem ist nicht so.

Wir wissen heute, als Folge der Boom- und Bubble-Wirtschaft, vielleicht besser als früher, wie man Gewinnerwartungen erzeugen und manipulieren, mit Gewinnziffern jonglieren und die Medien irreführen kann. Der Begriff des Gewinns aber ist noch immer schlecht verstanden. Er wird daher falsch und oft missbräuchlich verwendet.

Je mehr ein Manager von Gewinn spricht, umso mehr Skepsis ist angebracht und umso mehr muss herausgefunden werden, was er wirklich meint. Das gilt insbesondere dann, wenn von Gewinnoptimum oder Gewinnmaximum die Rede ist.

Für die Führung eines Unternehmens ist die Vorstellung eines Gewinnmaximums weitgehend unbrauchbar. Hilfreich ist das Gegenteil, das Gewinnminimum, nämlich die Frage, wie viel man mindestens verdienen muss, um auch in Zukunft noch im Geschäft zu sein – nicht nur, um das heutige Kapital zu bedienen, nicht nur, um heute Geschäft zu machen, sondern um im Geschäft bleiben zu können. Das ist eine ganz andere Fragestellung, als sie im Rechnungswesen gestellt wird. Sie ist mit dessen Methoden überhaupt nicht zu beantworten.

Für wirklich professionelle Unternehmensführung schlage ich vor, sogar noch einen Schritt weiter zu gehen und gar nicht von Gewinn zu sprechen. Im Grunde gibt es keine Gewinne, nur Kosten. Davon gibt es zwei Arten: Erstens die Kosten des heutigen Geschäftes und zweitens jene Kosten, die nötig sind, um im Geschäft zu bleiben.

Die Kosten der ersten Art kennen wir, weil wir sie verbuchen können. Die Kosten der zweiten Art kennen wir nicht; sie können nicht verbucht werden, weil es dafür noch keine Belege gibt. Sie sind dennoch genauso real wie die Kosten, die wir schon verbuchen können. Wenn wir die Kosten der zweiten Art nicht aufzubringen vermögen, wird das Unternehmen keine Zukunft haben. Solange man von Kosten redet, können kaum große Führungsfehler begangen werden. Mit einem zu kurz gegriffenen Gewinnbegriff aber ist schon immer der Untergang eines Unternehmens eingeleitet worden.

Zinssenkungen

Warum sollten Unternehmen, die schon vor der Krise zu viele Kredite hatten und nun deswegen in Zahlungszwang stehen, sich in der Krise noch zusätzlich verschulden? Egal, wie niedrig die Zinsen sind, der Unternehmer wird das nicht tun, denn er hat ohnehin genug zu kämpfen wegen der schon bestehenden Schulden.

Wirtschaften richtet sich wenig nach Zinsen

Unternehmen richten sich in der realen Welt weniger nach den Zinsen als nach ihren Geschäftsaussichten auf den Märkten. Sind diese gut, dann spielen die Zinsen eine geringe Rolle. Sind sie aber schlecht, sind auch die niedrigsten Zinsen zu hoch, und daher wird auch bei niedrigen Zinsen nicht investiert.

Die Finanzierungskosten haben bei Investitionsentscheiden für die reale Wirtschaft längst nicht jene Bedeutung, die in der Theorie angenommen wird. Weil die meisten Ökonomen aber kaum Erfahrung mit Unternehmen und Unternehmensführung haben, kennen sie die typischen Unternehmer-Denkweisen kaum. Daher gehen sie in der Regel davon aus, der Unternehmer wolle seinen Gewinn maximieren. Das kommt zwar auch vor, aber in der unternehmerischen Wirklichkeit gibt es noch ganz andere Situationen und Ziele, darunter das Ziel, liquide zu bleiben und sich nicht höher zu verschulden.

Zinsveränderung wichtiger als Zinshöhe

Wichtiger als die absolute Höhe von Zinsen ist in der Wirklichkeit der Unternehmensführung die Veränderung der Zinsen. Daher dürften die Notenbanken die Zinsen nicht senken, sondern müssten diese genau genommen erhöhen, wenn sie denn einen ankurbelnden Effekt für die Investitionstätigkeit schaffen wollen.

Gewisse, aber längst nicht alle Investitionen würden unter Umständen dann vorgezogen, wenn die Wirtschaft damit rechnen müsste, dass die Zinsen in Zukunft höher liegen, weil diese eine steigende Tendenz haben. Dann könnte man heute die Investitionen noch billiger finanzieren als morgen.

Bei fallender Zinstendenz passiert aber das Gegenteil. Man wartet mit ab, denn morgen werden die Zinsen niedriger sein als heute. Also stellt man jene Investitionen, die aufschiebbar sind, zurück. Es entsteht sogenannter Attentismus, die Abwartehaltung, die sich wie ein aktivitätslähmender Frost über die Wirtschaft legt.

Auf diese Weise verschärfen Notenbanken und Regierungen die Krise und erreichen das Gegenteil ihrer wohlgemeinten Absichten.

Wirtschaften

Der Hauptgrund des Arbeitens wird häufig schlichtweg übersehen, teilweise gar nicht mehr gekannt. Als Folge dessen wird auch der Wesenskern des »Wirtschaftens« nicht verstanden. Das ist höchst gefährlich, sobald einschneidende Reformen – die vermeintlichen Besitzstände der Wohlstandsgesellschaft betreffend – notwendig sind. Warum arbeitet der Mensch? Warum wird überhaupt gewirtschaftet? Warum auf eine bestimmte Weise?

Arbeiten und Wirtschaften werden durchwegs mit bestimmten Formen menschlichen Strebens und Wollens erklärt: Der Mensch will, so hört man, Bedürfnisse befriedigen. Als Konsument strebt er nach Nutzen oder nach Erfüllung seiner Wünsche. Als Unternehmer will er Gewinne machen oder wachsen oder beides. Als Mitarbeiter ist er tätig, weil er motiviert wurde. Als Manager will er produktiv oder innovativ sein.

Es sind offensichtlich psychologische Elemente, die als Triebkräfte des Wirtschaftens angesehen werden. Das klingt nicht nur plausibel, es ist weitgehend herrschende Lehre. Ist es wirklich so? Sind es solche subjektiven Elemente des Wollens, Wünschens und Strebens, die den Druck in der Wirtschaft erklären? Wieso stellt man sich diesem Druck, statt ihm auszuweichen oder ihn zu ignorieren? Die Antwort lautet: wegen des Wettbewerbs. Ist das die ganze Wahrheit?

Diese übliche Wirtschaftsauffassung übersieht den mit Abstand wichtigsten Punkt: Menschen arbeiten, Unternehmer und Unternehmen wirtschaften nicht deshalb, weil sie arbeiten oder wirtschaften wollen, sondern weil sie müssen. Sie stehen unter Zwang.

Woher kommt dieser Zwang? Er folgt aus der ebenso schlichten wie zwingenden Tatsache, dass Menschen und Unternehmen Verpflichtungen eingegangen sind, die der Höhe und der Zeit nach festgelegt sind und zwangsweise erfüllt werden müssen. Einfacher gesagt: Sie haben Schulden.

Ein Teil der Schuldverhältnisse wird freiwillig eingegangen und hätte somit auch vermieden werden können. Man hätte die entsprechenden Kaufakte – zum Beispiel Raten-, Leasing- oder Kreditkartenkäufe – auch aufschieben können. Sind die Schuldverhältnisse aber einmal entstanden, üben sie ihre unerbittliche und irreversible Wirkung aus: Es entsteht Erfüllungszwang, und zwar nicht nur im Ausmaß des eingegangenen Obligos, sondern zusätzlich in Höhe des vereinbarten Zinses. Die Entstehung von Verpflichtungen mag freiwillig sein; ihre Abwicklung ist es nicht.

Damit allein könnte die Wirtschaft noch nicht verstanden werden. Der weitaus größere Teil der Schuldkontrakte ist unfreiwillig geschlossen worden. Alle Produktion und alles Arbeiten müssen vorfinanziert werden. Käufer gibt es erst, nachdem produziert, Lohn erst, nachdem gearbeitet wurde. Die Vorfinanzierung führt zu zwangsweisen Schuldkontrakten und zu zusätzlichen Kosten, eben dem Zins.

Ein Schuldner ist also gezwungen – völlig gleichgültig, was sein Streben, Wollen oder seine Motivation sein mögen –, nicht nur das Darlehen zu erwirtschaften, also eine Leistung zu erbringen, die er ohne Bestehen des Schuldkontraktes möglicherweise nicht erbracht hätte. (Er hätte ohne Bestehen der Verpflichtung auch guten Gewissens Freizeit machen können.) Der Schuldner muss darüber hinaus eine Mehrleistung in Höhe des Zinses erwirtschaften.

Über diese Ursache wirtschaftlicher Tätigkeit, der typischen Hektik und des wirtschaftlichen Drucks wird selten berichtet – bemerkenswert, wo wir weltweit doch die höchsten absoluten und relativen Schulden haben, die es je gab. Die niedrigen Zinsen machen sie zwar erträglicher, als sie bei hohen Zinsen wären. Dennoch ist die Mehrleistungsverpflichtung in absoluten Zahlen astronomisch. Diese Ursache des Wirtschaftsgeschehens ist gänzlich unabhängig von psychologischen Motiven und sonstigen Zielen, Wünschen und Vorhaben.

Die Summe aller Schuldverhältnisse mal dem jeweils gültigen Zinssatz entspricht der Summe der mindestens erforderlichen wirtschaftlichen Mehrleistung zwecks Vermeidung des Unterganges. Diese Einsicht verdanken wir einem der besten Ökonomen, den ich kenne: Paul C. Martin[18]. Gestützt auf Arbeiten von Gunnar Heinsohn und Otto Steiger[19], hat er die so genannte debitistische Wirtschaftstheorie maßgeblich entwickelt. Ohne deren Kenntnis kann man Wirtschaft nicht verstehen.

Wir sind es gewohnt, die Menschen in bestimmte Kategorien einzuteilen: Konsumenten und Produzenten, Arbeitnehmer und Arbeitgeber, Anbieter und Nachfrager. Sie sind nicht unwichtig, aber sie erklären vergleichsweise wenig. Die mit Abstand wichtigeren Kategorien sind Schuldner und Gläubiger.

Aus dieser debitistischen Sicht ist der Markt nicht nur der Ort des Aufeinandertreffens von Angebot und Nachfrage. Er ist vor allem der Ort, an dem verschuldete Produzenten die erforderlichen Schuldendeckungsmittel, nämlich Geld, aufzutreiben versuchen. Der Kapitalismus ist keineswegs ein System, das der Gewinnmaximierung dient oder aus dieser verstanden werden kann.

Das mag aus einer kontemplativen Perspektive, die vom realen Wirtschaftsgeschehen weit entfernt ist, so erscheinen. Im Kapitalismus ist es völlig gleichgültig, ob jemand Gewinne macht oder nicht. Der Kapitalismus ist ein System, in dem Rechnungen bezahlt werden müssen. Das ist die einzig gültige Definition. Letztlich ist Liquidität entscheidend, nicht Gewinn. Die Rechnung wird vom Schuldner bezahlt, solange er kann. Und wenn er nicht mehr kann, bezahlt der Gläubiger durch Abschreiben der uneinbringlich gewordenen Forderung.

In bedrückender Weise kann man das in Ländern mit Rezession oder Krise sehen: in Japan, in Teilen Südostasiens und in Argentinien, aber auch überall sonst, weil ein wachsender Teil der Bevölkerungen aller Länder in die Schuldenfalle gerät.

Es sind nicht die üblichen Ansprüche, und es sind nicht die ständig beschworenen psychologischen Elemente (so wichtig sie sind), die das entscheidende Element für das Verstehen von Wirtschaft sind. Menschen können die Ansprüche für das tägliche Leben weit heruntersetzen – wenn nur die Schulden nicht wären.

Sinkende Aktien und Immobilienwerte wären für niemanden ein Problem, wenn er sie bezahlt und nicht auf Kredit gekauft hätte. Der Aufschwung beginnt daher mitnichten im Kopf, wie das naive Werbeclaims verkünden. Der Aufschwung beginnt und endet bei den Schulden.

Rationalität

Ökonomen und Politiker beklagen häufig mangelnde Rationalität von Konsumenten und Unternehmern, wenn diese nicht so handeln, wie sie es gemäß ökonomischer Theorien tun müssten. So helfen zum Beispiel die sogenannten „Wirtschafssubjekte" nach Meinung von Fachleuten trotz massiver Geldzufuhr und niedrigsten Zinsen zu wenig mit, die Krise zu bewältigen. Konsumenten konsumieren zu wenig und Unternehmer stellen ihre Investitionen zurück. Manche Experten versteigen sich zum Begriff „Irrationalität" und werfen den Menschen indirekt gar wirtschaftsschädigendes Verhalten vor.

Irrational erscheint das Handeln der Menschen aber nur dann, wenn man dieses aus der eindimensionalen Sichtweise reiner Ökonomie beurteilt. Diese gibt es zwar an der Universität, nicht aber in der Realität. In der Wirklichkeit gibt es vielmehr eine multidimensionale Gesellschaft, in der nebst vielem anderen zwar auch das Wirtschaften wichtig ist; es ist aber nicht das einzige, was Menschen beschäftigt und bewegt.

Ganzheitlich betrachtet verhalten sich zum Beispiel Unternehmer hochrational, wenn sie trotz niedrigster Zinsen deshalb nicht investieren, weil ihre Geschäftsaussichten schlecht sind. Dass dieses Handeln nicht in die ökonomische Theorie passt, liegt möglicherweise weniger an den Unternehmern als an der Theorie.

Auch das scheinbar irrationale Handeln von Konsumenten wird besser verständlich, sobald man einbezieht, dass diese nicht nur Konsumenten, sondern Menschen sind. In Krisenzeiten haben Menschen andere Ziele als den Konsum. Statt zu konsumieren, finden sie es vernünftiger zu sparen. Sie bilden Reserven für eine ungewisse Zukunft, drohenden Verlust des Arbeitsplatzes, Krankheit, Alter, Ausbildung ihrer Kinder, Vorsorge für pflegebedürftige Eltern und für viele andere Risiken.

Ihr Handeln wird von der Frage bestimmt, was sie heute tun müssen, wenn sie nicht wissen können, was morgen ist. Als irrational kann das kaum bezeichnet werden, sondern es ist im Gegenteil die vielleicht rationalste Frage, die man stellen kann, wenn man unter der Bedingung von nicht zu beseitigendem Informationsmangel handeln muss.

Hinzu kommt, dass der Konsum von heute einen anderen Charakter hat als noch der Konsum vor zwanzig oder dreißig Jahren, oder allgemein zu jenen Zeiten, als die großen ökonomischen Entwürfe entstanden sind. Zumindest in den entwickelten Ländern hat der Konsum für immer mehr Menschen nicht mehr den Charakter der Deckung des drängenden Bedarfs. Konsum ist jetzt für viele weit eher die Erfüllung von Wünschen. Auf die Erfüllung von Wünschen kann man aber auch verzichten, wenn es sein muss, und insbesondere dann, wenn einem trotz des Verzichtens kaum etwas fehlt.

Konsum hat für viele ein Maß an Sättigung erreicht, das es noch nie zuvor gab. Zum ersten Mal in der Weltgeschichte gibt es Verzichtsmöglichkeit ohne Mangelerscheinung. So lässt sich etwa der Konsum vieler Verbrauchsgüter, falls man verzichten muss, enorm reduzieren, bevor man einen Mangel verspürt. Noch deutlicher ist die Verzichtsmöglichkeit bei dauerhaften Gebrauchsgütern. Zum

Beispiel können die meisten ihre heutigen Autos noch Jahre fahren, ohne dass ihnen etwas fehlen würde.

Wirtschaftspolitische Maßnahmen zur Förderung von Konsum haben aus all diesen Gründen geringe Wirkungsaussichten, und zwar nicht wegen des Fehlens von Rationalität der Menschen, sondern umgekehrt gerade wegen ihrer hoch ausgeprägten Rationalität.

Anmerkungen

1 Dass die Massenpsychologie in die Wirtschaftswissenschaft integriert wird, ist das Verdienst von Linda Pelzmann. Ökonomen, Psychologen, Soziologen, Informatiker, Manager und Studenten kommen jetzt nicht mehr in Verlegenheit, wenn sie das irrationale Verhalten an Kapitalmärkten erklären sollen – im Boom und in der Panik.
2 So lesen wir je nach Quelle sinngemäß: Göttliche (außerordentliche) Gnadengabe, wenn der religiöse Sinn von Charisma gemeint ist. Im soziologischen Sinne ist es eine wesenhafte Begabung zu einem bestimmten Dienst, vor allem zur Übernahme einer Führerrolle und einer damit verbundenen irrationalen Herrschaft (Meyers Großes Handlexikon; Brockhaus multimedial 2001).
3 *Duden – Das Fremdwörterbuch*, 7. Aufl. Mannheim 2001; die hier zitierte psychologische Bedeutung muss klarerweise unterschieden werden von Identifikation im Sinne der Feststellung der Identität z. B. einer Person (etwa im polizeilichen Sinne) oder einer Sache (z. B. eines Kunstwerkes oder eines gestohlenen Autos).
4 So finde ich geschichtliche oder aktuelle Hinweise auf die besondere Leistungskraft zum Beispiel indoktrinierter Kampfeinheiten totalitärer Systeme nicht überzeugend. Sie konnten vorübergehende, aber keine dauerhaften Erfolge erzielen. Davon abgesehen, würde sich die Frage nach der ethischen Vertretbarkeit solcher Führungsweisen stellen.
5 Siehe dazu die zahlreichen Bücher von Viktor Frankl, zum Beispiel: *Der Mensch vor der Frage nach dem Sinn,* München 2005.
6 Drucker, Peter F.: *Managing for Results*, London 1964.
7 Es ist mir bewusst, dass es Werkstättenmalerei gab. Diese ist aber nicht kausal für die Entstehung der großen Malerei und der kreativen Kunstwerke, obwohl ich nicht ausschließe, dass auch Teams kreativ sein können.
8 Im Folgenden verwende ich die Begriffe »Emotion« und »Gefühl« gleichbedeutend. In der Fachliteratur werden gewisse Unterschiede gemacht, die aber für den hier vorliegenden Zweck nicht wesentlich sind.

9 Zum Interessantesten auf diesem Gebiet gehören die Arbeiten von Dietrich Dörner und seinen Mitarbeitern, etwa die Tanaland- und Lohhausen-Experimente; für einen Überblick siehe Dörner, Dietrich: Die Logik des Misslingens. Strategisches Denken in komplexen Situationen, Reinbek bei Hamburg 2003.
10 Hayek, Friedrich August von: Law, *Legislation and Liberty*, Bd. 3, London 1979, 155 ff. [deutschsprachige Ausgabe: *Recht, Gesetz und Freiheit. Eine Neufassung der liberalen Grundsätze der Gerechtigkeit und der politischen Ökonomie*, Tübingen 2003].
11 Siehe dazu unter anderem Eccles, John: *Die Evolution des Gehirns, die Erschaffung des Selbst*, München 1989, 3. Auflage 2002.
12 Roth, G. in: *Süddeutsche Zeitung* vom 11. April 2000.
13 Drucker, Peter F.: *The Age of Discontinuity. Guidelines to Our Changing Society*, London 1969, Neuauflage 1992.
14 Beer, Stafford: *Beyond Dispute. The Invention of Team Syntegrity*, Chichester 1993.
15 Siehe dazu auch Drucker, Peter F.: *Management*, Frankfurt am Main 2009.
16 Porter, Michael E.: *Competitive Advantage*, New York 1985 [deutschsprachige Ausgabe: *Wettbewerbsvorteile. Spitzenleistungen erreichen und behaupten*, Frankfurt am Main 1992, 6. Auflage 2005].
17 Siehe Beer, Stafford: *Brain of the Firm*, London 1972, 2. Aufl. London 1994 und: *The Heart of Enterprise*, London , 2. Auflage 1984 sowie die Website des Cwarel Isaf Institutes www.managementkybernetik.com.
18 Martin, Paul C./Lüftl, Walter: *Der Kapitalismus. Ein System, das funktioniert*, Berlin 1990.
19 Heinsohn, Gunnar/Steiger, Otto: *Eigentum, Zins und Geld. Ungelöste Rätsel der Wirtschaftswissenschaft*, Reinbek bei Hamburg 2002.

Literatur

Beer, Stafford: *Brain of the Firm*, London 1972, 2. Auflage 1994.

Beer, Stafford: *The Heart of Enterprise*, London 1984 und 1994 und Website des Cwarel Isaf Institutes www.managementkybernetik.com.

Beer, Stafford: *Beyond Dispute. The Invention of Team Syntegrity*, Chichester 1993.

Dörner, Dietrich: *Die Logik des Misslingens. Strategisches Denken in komplexen Situationen*, 5. Aufl. Reinbek bei Hamburg 2003.

Drucker, Peter F.: *Managing for Results*, London 1964.

Drucker, Peter F.: *Management*, Frankfurt am Main 2009.

Drucker, Peter F.: *The Age of Discontinuity*, London 1969; Neuauflage 1992.

Eccles, John: *Die Evolution des Gehirns, die Erschaffung des Selbst*, 3. Aufl. München 2002.

Frankl, Viktor: *Der Mensch vor der Frage nach dem Sinn*, München 2005.

Hayek, Friedrich A.: *Law, Legislation and Liberty*, Bd. 3, London 1979 [deutschsprachige Ausgabe: *Recht, Gesetz und Freiheit. Eine Neufassung der liberalen Grundsätze der Gerechtigkeit und der politischen Ökonomie*, Tübingen 2003].

Häusel, Hans-Georg: *Think Limbic! Die Macht des Unbewussten verstehen und nutzen für Motivation, Marketing, Management*, Planegg bei München 2003, 4. Aufl. 2005.

Heinsohn, Gunnar: *Privateigentum, Patriarchat, Geldwirtschaft. Eine sozialtheoretische Rekonstruktion zur Antike*, Frankfurt am Main 1984.

Heinsohn, Gunnar / Steiger, Otto: *Eigentum, Zins und Geld. Ungelöste Rätsel der Wirtschaftswissenschaft*, Marburg 1996, 2. Auflage 2002.

Heinsohn, Gunnar / Steiger, Otto: *Eigentumsökonomik. Eigentumstheorie des Wirtschaftens »versus« Wirtschaftstheorie ohne Eigentum.* Ergänzungsband zur Neuauflage »Eigentum, Zins und Geld«, Marburg 2002.

Malik, Fredmund: *Die richtige Corporate Governance. Mit wirksamer Unternehmensaufsicht Komplexität meistern*, Frankfurt am Main 2008.

Malik, Fredmund: *Führen Leisten Leben. Wirksames Management für eine neue Zeit*, Frankfurt am Main 2006.

Martin, Paul C. / Lüftl, Walter: *Der Kapitalismus. Ein System, das funktioniert*, Berlin 1990.

Porter, Michael E.: *Competitive Advantage*, New York 1985 [deutschsprachige Ausgabe: *Wettbewerbsvorteile. Spitzenleistungen erreichen und behaupten*, Frankfurt am Main / New York 1992, 6. Auflage 2005].

Pelzmann, Linda: *Triumph der Massenpsychologie. Rahmenbedingungen und Regeln.* In: m.o.m.® Malik on Management-Letter, 10. Jahrgang. 11/2002, 184–200.

Pelzmann, Linda: *Kollektive Panik.* In: m.o.m.® Malik on Management-Letter, 10. Jahrgang. 02/2003, 20–33.

Fredmund Malik
Führen Leisten Leben
Wirksames Management
für eine neue Zeit

2006, 400 Seiten, gebunden
ISBN 978-3-593-38231-9

Hörbuch:
2007, 4 CDs, 222 Minuten
ISBN 978-3-593-38312-5

Der moderne Klassiker

Als »Führen Leisten Leben« erstmalig im Jahr 2000 erschien, schrieb das *manager magazin*: »Wer sein Führungsverhalten und sein Führungssystem selbstkritisch überdenken will, kann keine anregendere Lektüre finden.« Schon wenige Jahre nach seinem Erscheinen ist dieses Buch zu einem Klassiker der Managementliteratur geworden. Jetzt legt Fredmund Malik es in aktualisierter Fassung vor.

»Fredmund Malik ist die wichtigste Stimme – in Theorie und Praxis des Managements.« Peter Drucker

Mehr Informationen unter
www.campus.de

Fredmund Malik
Die richtige Corporate Governance
Mit wirksamer Unternehmensaufsicht
Komplexität meistern

2008, 335 Seiten, gebunden
ISBN 978-3-593-38696-6

Hörbuch:
2009, 4 CDs, 259 Minuten
ISBN 978-3-593-39059-8

»Der führende Management-experte in Europa« Peter Drucker

Kritiklose Übernahme des US-Modells der Corporate Governance sowie falsche Wirtschaftstheorien haben die geschichtlich größte Fehlsteuerung von Management, Unternehmensführung und Wirtschaft verursacht. Als Erster und lange vor anderen hat Fredmund Malik mit seinem ganzheitlichen General-Management-Ansatz die falsche Logik der herkömmlichen Corporate Governance sichtbar gemacht und die destruktiven Irrlehren von Neoliberalismus und mechanistischem Finanzmanagement entlarvt. In diesem Buch zeigt er, warum Managerskandale, zusammenbrechende Unternehmen und der Kollaps des Finanzsystems die Folgen falscher Corporate Governance sind und wie die Lösungen für Organisation und Lenkung der komplexen Systeme des 21. Jahrhunderts aussehen.

Frankfurt · New York

Mehr Informationen unter
www.campus.de

Fredmund Malik
Management
Das A und O des Handwerks

2007, 311 Seiten, gebunden
ISBN 978-3-593-38285-2

Management ist lernbar!

Für Fredmund Malik ist Management Handwerk. Und es gibt klare Regeln, wie Management funktioniert. Malik benennt sie in diesem Buch – anschaulich, präzise und überzeugend. Dieser Titel bildet den Auftakt für eine Serie von insgesamt sechs Büchern, in denen Fredmund Malik das Handwerkszeug für Führungskräfte bereitstellt. Gute Handwerker müssen mit ihren Werkzeugen umgehen können. Zu Recht erwarten Mitarbeiter und Kunden von Führungskräften Professionalität. Doch weder ein BWL-Studium noch ein MBA-Kurs geben einem solche Instrumente an die Hand. Dieses Buch zeigt beispielsweise, wie Teamarbeit gestaltet, Personalentscheidungen getroffen, Reporting verankert und eine Gehaltsstruktur gefasst werden sollte.

Frankfurt · New York

Mehr Informationen unter
www.campus.de